乙級變壓器裝修技能檢定學術科解析

陳資文、林明山、謝宗良　編著

全華圖書股份有限公司

國家圖書館出版品預行編目資料

乙級變壓器裝修技能檢定學術科解析. / 陳資文, 林
明山, 謝宗良編著, -- 六版. -- 新北市：全華
圖書股份有限公司, 2020.12
　　面；　公分
ISBN 978-986-503-532-7(平裝)

1.變壓器

448.23　　　　　　　　　　　　109019264

乙級變壓器裝修技能檢定學術科解析

作者 / 陳資文、林明山、謝宗良

發行人 / 陳本源

執行編輯 / 張峻銘

出版者 / 全華圖書股份有限公司

郵政帳號 / 0100836-1 號

印刷者 / 宏懋打字印刷股份有限公司

圖書編號 / 0617905

六版一刷 / 2021 年 1 月

定價 / 新台幣 280 元

ISBN / 978-986-503-532-7

全華圖書 / www.chwa.com.tw

全華網路書店 Open Tech / www.opentech.com.tw

若您對書籍內容、排版印刷有任何問題，歡迎來信指導 book@chwa.com.tw

臺北總公司(北區營業處)
地址：23671 新北市土城區忠義路 21 號
電話：(02) 2262-5666
傳真：(02) 6637-3695、6637-3696

南區營業處
地址：80769 高雄市三民區應安街 12 號
電話：(07) 381-1377
傳真：(07) 862-5562

中區營業處
地址：40256 臺中市南區樹義一巷 26 號
電話：(04) 2261-8485
傳真：(04) 3600-9806(高中職)
　　　(04) 3601-8600(大專)

　　變壓器是電力設備中不可或缺的一部分。但長久以來，電力設備人員瞭解變壓器理論基礎，但對於變壓器的構造、製造與各種變壓器的測試方法，卻一知半解。為了提升電力從業人員之實務能力，並落實技檢證照合一的目標，勞委會規劃了變壓器裝修技術士檢定考試。檢定考試分為學科測驗及術科操作兩部分，並依其專業程度，區分為乙、丙兩級。乙級技術士的學科試題共 80 題選擇題，單選題 60 題，每題 1 分，複選題 20 題，每題 2 分，術科共分六站，依抽籤結果選擇一題進行測試，學術兩科皆通過，獲得技術士證。

　　本書在學科方面收錄最新公告試題並附解析，使應考者更加容易研讀、學習。本書在術科方面，乃是老師經過多年的培訓經驗，並觀察學生多次的反覆練習，製作出最精美的成品與方式，呈現給讀者。

　　本書在撰寫過程中，始終秉持著以讀者的角度思考，依學術科的順序循序漸進編排。讀者只需依序閱讀，必可融會貫通。本書也特別重視相關知識的補充，讓讀者能將學科知識與術科知識相互結合印證，所以本書除適合個人自我學習外，亦可供教學授課使用。

　　本書得以完成，除了感謝在變壓器裝修檢定上努力的各校前輩提供豐富的資料，以供參考外，也感謝全華編輯部的協助與校對。本書經多次校對，但難免有疏漏之處，期盼各位先進不吝賜教，若有錯誤惠請來信校正。

編輯部序

「系統編輯」是我們的編輯方針，我們所提供給您的，絕不只是一本書，而是關於這門學問的所有知識，它們由淺入深，循序漸進。

本書主要針對變壓器裝修技能檢定補充教材之用。著重技術性及理論配合技術，讓讀者由淺入深，配合檢定試題，很快瞭解檢定試題的實作技巧。

此外，本書特別重視相關知識的補充，讓讀者能將學術科知識相互結合印證，並在術科部分以實體成果圖片呈現，加深讀者印象。適用於高職、科大電機系(科)輔導「變壓器裝修乙級」課程及參加本檢定的人士使用。

同時，為了使您能有系統且循序漸進研習相關方面的叢書，我們以流程圖方式，列出各有相關圖書的閱讀順序，以減少您研習此門學問的摸索時間，並能對這門學問有完整的知識。若您在這方面有任何問題，歡迎來函聯繫，我們將竭誠為您服務。

目錄

Contents

Contents

學 科篇

變壓器裝修乙級技能檢定學科試題

（一）識圖說

01.( ) 依中國國家標準規定，變壓器高壓側之引線(端子)符號分別為 (1)X1、X2、X3 (2)H1、H2、H3 (3)A、B、C (4)U、V、W。 (2)

解析 變壓器高壓側之分接頭符號為 H1、H2、H3；低壓側之分接頭符號為 X1、X2、X3。

02.( ) 下圖表示 (1)加極性 (2)減極性 (3)雙極性 (4)無極性 變壓器。 (2)

H1   H2

X1   X2

03.( ) 工作圖中接地變壓器之英文代號為 (1)GT (2)PT (3)CT (4)TR。 (1)

解析 GT：接地變壓器；PT：比壓器；CT：比流器；TR：變壓器。

04.( ) 下圖表示線圈所產生的磁力線方向為 (1)向上 (2)向下 (3)向左 (4)向右。 (1)

I

解析 根據安培右手定則，宜使用四指代表電流方向，姆指代表磁場方向，即可以磁力線向上。

05.( ) 工作圖中交流電壓的代號為 (1)ACA (2)DCA (3)ACV (4)DCV。 (3)

解析 ACA：交流電流；DCA：直流電流；ACV：交流電壓；DCV：直流電壓。

06.( ) 下圖圖面記號表示 (1)第一角法 (2)第二角法 (3)第三角法 (4)投影圖法。 (3)

07.( ) 表示物體之型狀或輪廓應用 (1)細虛線 (2)粗虛線 (3)細實線 (4)粗實線。 (4)

08.( ) 下圖表示 (1)單繞組變壓器附 OLTC (2)自耦變壓器 (3)比壓器 (4)三繞組變壓器。 (4)

解析 OLTC：接頭切換器(On-Load Tap changer，簡稱 OLTc)。

09.( ) 工作圖中尺寸數值前加 φ 記號者表示 (1)直徑 (2)高度 (3)長度 (4)寬度 的尺寸。 (1)

10.(　) 下圖表示該變壓器之接線為　(1)Y－△　(2)△－Y　(3)△－△　(4)Y－Y。　　(3)

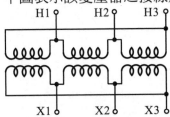

11.(　) 工作圖中實物看不見的部位應以　(1)實線　(2)虛線　(3)斜線　(4)尺寸線　表示　　(2)
之。

12.(　) 下圖表示△結線，其 AB 兩點之電阻值為　(1)3Ω　(2)2.5Ω　(3)1.5Ω　(4)0.666Ω。　　(4)

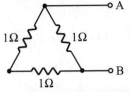

解析 $1//(1+1) = \dfrac{1 \times (1+1)}{1+(1+1)} = \dfrac{2}{3} = 0.666\Omega$。

13.(　) 工作圖中一長二短的線是表示　(1)中心線　(2)剖面線　(3)尺寸線　(4)截斷線。　　(4)

14.(　) 下圖的接線方法，可以測量變壓器的　(1)鐵損　(2)銅損　(3)漂游損　(4)磁滯損。　　(2)

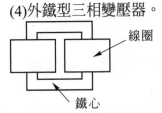

解析 此圖二次側短路，一次側加額定電流為短路試驗的接法，目的在測量銅損。

15.(　) 圖例中 100：1 後面數字 1 是表示　(1)檔案編號　(2)圖的編號　(3)實物尺寸　　(4)
(4)圖中尺寸。

16.(　) 下圖表示　(1)內鐵型單相變壓器　(2)外鐵型單相變壓器　(3)內鐵型三相變壓器　　(1)
(4)外鐵型三相變壓器。

線圈

鐵心

解析 外鐵型單相變壓器：　　　　　　　；

線圈

鐵心

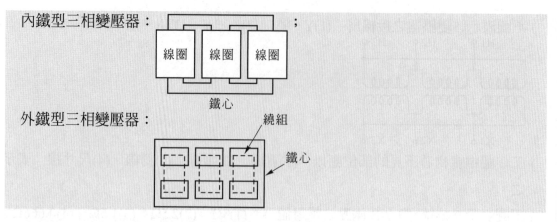

17.( ) 旋轉剖面是將剖面部分在視圖上旋轉 (1)90° (2)120° (3)150° (4)180°。 (1)

18.( ) VCB 係為 (1)真空斷路器 (2)磁吹斷路器 (3)瓦斯斷路器 (4)空氣斷路器。 (1)

解析 VCB(Vacuum Circuit Breaker)真空斷路器。MBB(Magnetic Blowout Circuit Break)磁吹斷路器。GCB(SF6 Gas Circuit Breaker)瓦斯斷路器。ACB(Air Circuit Breaker)空氣斷路器。

19.( ) 目前最常使用的製圖方法為 (1)第一角 (2)第二角 (3)第三角 (4)第四角 投影法。 (3)

20.( ) 如下圖所示,吊上同一重量時吊角 α 愈大,則鋼索所承受的張力 (1)愈大 (2)愈小 (3)速度愈快張力愈小 (4)速度愈 慢張力愈小。 (1)

21.( ) 工作圖中之斜體字,依中華民國國家標準傾斜 (1)60° (2)65° (3)70° (4)75°。 (4)

22.( ) 下圖表示變壓器外殼與上蓋的電銲連接,圖中 B 表示 (1)電銲處 (2)襯墊 (3)螺絲 (4)套管。 (2)

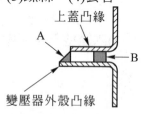

23.( ) 工作圖中表示機件的對稱應採用 (1)割切線 (2)中心線 (3)實線 (4)虛線。 (2)

24.( ) 下圖表示 (1)比壓器 (2)比流器 (3)整流器 (4)變頻器。 (2)

25.( ) 工作圖中註明尺寸為 100±0.5,其尺寸最大範圍應為 (1)100 (2)100.5 (3)105 (4)105.5。 (2)

解析 100×(1+0.005)=100.5。

26.( ) 下圖表示 (1)△－△ (2)Y－Y (3)△－Y (4)Y－△ 接線。 (3)

解析 一次側接線頭尾相接，故爲△；二次側頭接頭，尾接連故爲 Y 接線。

27.( ) 工作圖中英文字母 R 代表 (1)半徑 (2)直徑 (3)圓周 (4)圓周率。 (1)

28.( ) 下圖表示該變器之接線爲 (1)雙 Y 接線 (2)單 Y 接線 (3)六相對徑接線 (4)曲 (4)
折形接線接地。

29.( ) 一般工作圖尺寸採用的單位爲 (1)公尺 (2)公寸 (3)公分 (4)公釐。 (4)

30.( ) 下圖表示該組變壓器 (1)一、二次都要接地 (2)一、二次都不要接地 (3)二次接 (3)
地 (4)一次接地。

31.( ) 尺度數字前加"t"表示 (1)間隙 (2)斜度 (3)頂點 (4)厚度。 (4)

32.( ) 下圖表面符號中"G"的位置標示 (1)加工方法 (2)加工尺寸 (3)粗度 (4)公差。 (1)

33.( ) 工作圖中未註明單位時，其單位爲 (1)m (2)mm (3)cm (4)dm。 (2)

34.( ) 下圖表示 (1)單相垂直結線 (2)單相串、並聯結線 (3)三相 V 型結線 (4)三相 (4)
T 型結線。

35.( ) 常用兩視圖表示的零件是 (1)多角形體 (2)不規則形體 (3)柱體 (4)球體。 (3)

36.( ) 下圖表示 (1)中心圓 (2)同心圓 (3)眞圓面 (4)圓球面 之符號。 (2)

37.( ) 依中國國家標準 BST 表示 (1)降壓 (2)等壓 (3)昇壓 (4)超壓 變壓器。 (3)

解析 B，BOOST，升壓。

38.( ) 下圖表示 (1)單相單繞組 (2)單相雙繞組 (3)三相單繞組 (4)三相雙繞組 變 (3)
壓器。

解析 3φ：三相。

39.( ) 國際標準化機構的簡稱爲 (1)ISO (2)USO (3)JSO (4)CSO。 (1)

40.(　) 下圖表示　(1)接地變壓器　(2)移相變壓器　(3)整流變壓器　(4)消弧變壓器。　　(4)

41.(　) 下圖所示為何種設備之端子符號　(1)比流器　(2)比壓器　(3)單相配電變壓器 (1)
(4)單相電力變壓器。

42.(　) PCT 表示　(1)比壓器　(2)比流器　(3)比壓比流器　(4)電子變壓器。　　(3)

解析 PT，比壓器；CT，比流器；PCT，比壓比流器。

43.(　) 下圖所示為何種設備之端子符號　(1)比流器　(2)比壓器　(3)單相配電變壓器 (2)
(4)單相電力變壓器。

44.(　) LVR 表示　(1)有載電壓調整器　(2)電感電壓調整器　(3)電感電壓電阻器　(4)感 (1)
應式電壓調整器。

45.(　) 下圖表示　(1)比壓器　(2)比流器　(3)單相桿上變壓器　(4)三相桿上變壓器　之 (3)
接線端子符號。

$$\begin{array}{cc} H_1 & H_2 \\ X_1 \ X_2 \ X_3 \end{array}$$

46.(　) 有載變換分接頭變壓器之符號為　(1)OTT　(2)LTT　(3)LVR　(4)OVR。　　(2)

解析 負載：Load，Tap：分接頭，變壓器：transformer。

47.(　) 下圖表示　(1)三相感應電壓調整器　(2)三相曲折連接之接地變壓器　(3)三相比 (4)
流器　(4)三相單繞組變壓器。

48.(　) $\boxed{\text{H}}$ 表示　(1)小時計　(2)溫度計　(3)人孔　(4)手孔。　　(4)

49.(　) ✡左圖表示　(1)六相雙三角形　(2)六相對徑　(3)六相正六邊形　(4)六相曲折 (1)
形　接法。

50.(　) GT 表示　(1)接地變壓器　(2)瓦斯變壓器　(3)超高壓變壓器　(4)接地比流器。 (1)

51.(　) 有關變比器類設計圖符號下列那些是正確的 　　　　　　　　　　　(124)

(1)三相 V 共同點接地

(2)三相 V 線捲中性點接地

(3)三相 Y，中性線經一電抗接地

(4)整套型變比器 $\boxed{\text{MOF}}$。

52.(　) 下列那些是變壓器單線圖表示方法　(1) ⊰　(2) ⊰　(3) ⩗　(4) ⊗。 　(34)

解析 ⊰ 為整流器，⊰ 為錯誤畫法。

53.(　) 有關保護元件符號下列那些是正確　(1) ─∿∿─ 包裝保險絲　(2) ⊥ 系統接地 　(23)

(3) ⊥ 設備接地　(4) ─▭─ 開放型保險絲。

解析 (1)為開放型保險絲；(4)為包裝型保險絲。

54.(　) 下列那些是 NO 接點　(1) ─||─　(2) ／　(3) ○╱○　(4) ○─↑。 　(124)

55.(　) 下圖為一只加極性降壓變壓器則 　　　　　　　　　　　　　　　　(123)

(1)$V_3 > V_2$　(2)$V_3 > V_1$　(3)$V_1 > V_2$　(4)$V_1 + V_2 > V_3$。

交流電源

解析 加極性變壓器 $V_3 = V_1 + V_2$，故 $V_3 > V_2$；$V_3 > V_1$；降壓變壓器，故 $V_1 > V_2$。

56.(　) 如下圖，三具相同單相變壓器，變壓比 $a = 2$，一次側連接於平衡 3ϕ 380V 電源， 　(14)
則二次側電壓 $V_{oo'}$ 可能為　(1) 0 V　(2) 110V　(3) 190V　(4) 220V。

A

B

C

V_{ba}　V_{an}

O

V_{ca}　O'

解析 二次側電壓 $V_{oo'}$ 極性連接正確 $V_{oo'} = 0V$，若有一相連接錯誤，則 $V_{oo'} = 110V$。

57.( ) 如下圖爲一只減極性降壓變壓器則 (1)開關 S ON 瞬間正轉 (2)開關 S ON 瞬間反轉 (3)開關 S OFF 瞬間正轉 (4)開關 S OFF 瞬間反轉。 (23)

58.( ) 如下圖，有兩只 100/5C.T 測量 3φ 平衡負載電流，當電流表顯示約爲 3.8A 時 (1)C.T 線圈電流約爲3.8A (2)C.T 線圈電流約爲2.2A (3)負載電流約爲76A (4)負載電流約爲44A。 (24)

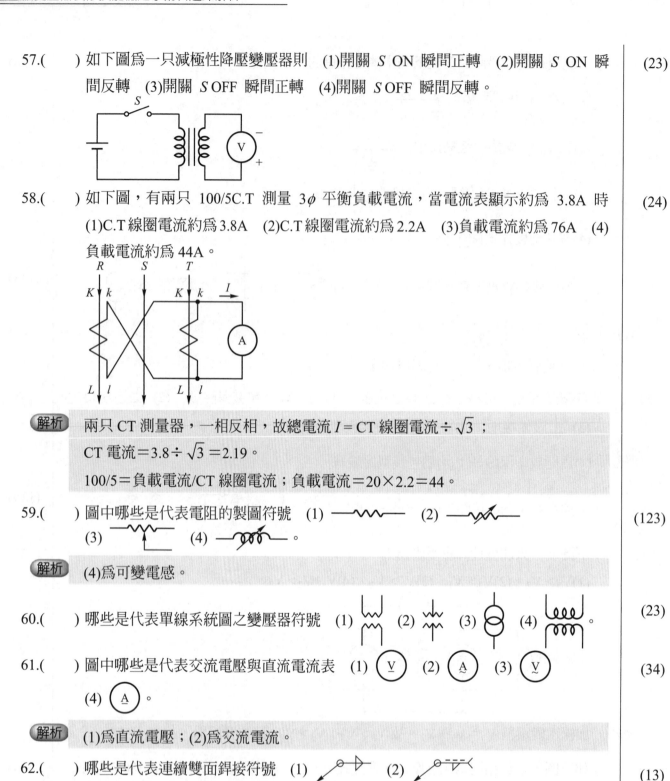

解析 兩只 CT 測量器，一相反相，故總電流 I＝CT 線圈電流 $\div \sqrt{3}$；

CT 電流＝$3.8 \div \sqrt{3}$＝2.19。

100/5＝負載電流/CT 線圈電流；負載電流＝20×2.2＝44。

59.( ) 圖中哪些是代表電阻的製圖符號 (1) —⌁⌁— (2) —⌁̸— (3) ⌁̌ (4) —⍉⍉—。 (123)

解析 (4)爲可變電感。

60.( ) 哪些是代表單線系統圖之變壓器符號 (1) (2) (3) (4)。 (23)

61.( ) 圖中哪些是代表交流電壓與直流電流表 (1) Ⓥ̲ (2) Ⓐ̲ (3) Ⓥ̰ (4) Ⓐ。 (34)

解析 (1)爲直流電壓；(2)爲交流電流。

62.( ) 哪些是代表連續雙面銲接符號 (1) (2) (3) (4)。 (13)

解析 (2)(4)代表單面銲接，銲接的縫在接頭的箭頭處。﹤爲特別的指示，如無任何指示則不加。

63.( ) 依中國國家標準規定，三相變壓器的引線符號為　(1)X1、X2、X3　(2)H1、H2、H3　(3)W1、W2、W3　(4)U、V、W。 （12）

解析 變壓器高壓側之分接頭符號為 H1、H2、H3；低壓側之分接頭符號為 X1、X2、X3。

64.( ) 下列何者非表示物體之形狀或輪廓？　(1)粗虛線　(2)粗實線　(3)細虛線　(4)細實線。 （134）

解析 表示物體之型狀或輪廓應用粗實線。

65.( ) 下列何者為是？　(1)VCB 表示真空斷路器　(2)ABS 表示空斷開關　(3)OA/FA 表示油浸自冷/風冷式變壓器　(4)BCT 表示水冷式變壓器。 （123）

解析 BCT 套管型比流器。

66.( ) 下列何者為變壓器銘牌上記載內容？　(1)額定容量　(2)相數　(3)損失值　(4)製造日期。 （124）

解析 變壓器銘牌所記載的內容如：額定容量、額定電壓、額定電流、相數，製造商、製造日期等。

67.( ) 如圖貫通型 CT，主要是由那二元件組成　(1)一次線圈　(2)二次線圈　(3)鐵心　(4)絕緣油。 （23）

68.( ) 如圖最可能是哪二種單相負載　(1)R 負載　(2)R-L 負載　(3)R-C 負載　(4)R-L-C 負載。 （24）

解析 因為電流滯後電壓故為電感負載，故為 R-L 負載；(D)R-L-C 負載的答案，則 $X_C < X_L$ 條件須成立。

69.( ) 如圖變壓器極性試驗，開關 ON 時瞬間，何者敘述為真　(1)電壓計顯示正時為加極性　(2)電壓計顯示正時為減極性　(3)電壓計顯示負時為加極性　(4)電壓計顯示負時為減極性。 （23）

70.(　) 如圖自耦變壓器中 A 線圈與 B 線圈各稱為　(1)A 線圈稱為串聯線圈　(2)A 線圈稱為分路線圈　(3)B 線圈稱為串聯線圈　(4)B 線圈稱為分路線圈。　(14)

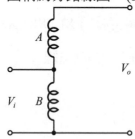

71.(　) 下圖最可能是哪兩種單向負載　(1)R 負載　(2)R-L 負載　(3)R-C 負載　(4)R-L-C 負載。　(34)

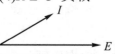

> **解析** 因為電流超前電壓故為電容負載，故為 R-C 負載；(D)R-L-C 負載的答案，則 $X_L < X_C$ 條件須成立。

二 瞭解變壓器之構造

01.(　) 變壓器的一次線圈為 10,000 匝，二次線圈為 200 匝，如一次側加壓為 12,000V 時，其二次側之輸出電壓為　(1)24V　(2)60V　(3)240V　(4)600V。　(3)

> **解析** $\dfrac{V_1}{V_2} = \dfrac{N_1}{N_2}$; $\dfrac{12000}{V_2} = \dfrac{10000}{200}$; $V_2 = 240V$。

02.(　) 在三相平衡電路中，其各相間之相位差為　(1)30°　(2)90°　(3)120°　(4)180°。　(3)

03.(　) 變壓器的磁滯損與　(1)電流　(2)頻率　(3)線圈匝數　(4)線路功率因數　成正比例關係。　(2)

> **解析** $P_h = K_h \times f \times B_m^{1.6}$; P_h：磁滯損、f：頻率、B_m：磁通密度。

04.(　) 五個 50Ω 的電阻器並聯後，其合成電阻為　(1)10Ω　(2)50Ω　(3)250Ω　(4)100Ω。　(1)

> **解析** $\dfrac{1}{R} = \dfrac{1}{50} + \dfrac{1}{50} + \dfrac{1}{50} + \dfrac{1}{50} + \dfrac{1}{50} = \dfrac{5}{50}$; $R = \dfrac{50}{5} = 10\,\Omega$。

05.(　) 變壓器依其鐵心與線圈分佈關係可分為　(1)積鐵心型與卷鐵心型　(2)加極性與減極性　(3)內鐵型與外鐵型　(4)升壓型與降壓型。　(3)

06.(　) 變壓器依其負載的特性可分為　(1)單相與三相　(2)單繞組與雙繞組　(3)輸電與配電　(4)定電壓與定電流。　(4)

07.(　) 變壓器半載銅損為滿載銅損之　(1)1/2 倍　(2)2 倍　(3)1/4 倍　(4)4 倍。　(3)

> **解析** 因為銅損與負載電流的平方成正比，故銅損$_{半}$=(1/2)^2×銅損$_{滿}$＝1/4 銅損$_{滿}$。

08.( ) 線圈之直流電阻較交流電阻 (1)高 (2)低 (3)相等 (4)沒送電時較高，送電後較低。 …… (2)

> **解析** 線圈為電感性，$X_L = 2\pi fL$，故線圈直流電阻趨近於零，較交流電阻低。

09.( ) 一般家庭用交流電壓 110V，係指 (1)平均值 (2)有效值 (3)最大值 (4)瞬間值。 …… (2)

10.( ) 單相 30kVA，3300V/110-220V 的變壓器，其一次側電流約為 (1)9A (2)20A (3)3A (4)100A。 …… (1)

> **解析** $P = V_1 I_1 = V_2 I_2$；$30kVA = 3300 \times I_1$；$I_1 = 9.09A$。

11.( ) 電感器的阻抗與電源頻率 (1)成正比 (2)成反比 (3)平方成正比 (4)平方成反比。 …… (1)

> **解析** $X_L = 2\pi fL$，故電感器的阻抗和電源頻率成正比。

12.( ) 為減少線圈的渦流損，宜選用 (1)較厚 (2)較薄 (3)截面積較大 (4)截面積較小 的導體。 …… (2)

> **解析** 渦流損與體積的平方成正比。

13.( ) 1000kVA 的負載，在功因為 60% 時，其無效電力約為 (1)400kVAR (2)600kVAR (3)800kVAR (4)500kVAR。 …… (3)

> **解析** $Q = S \times \sin\theta$；$Q = 1000k \times 0.8$；$800kVAR$。

14.( ) 55℃溫升之變壓器銅損通常以溫度 (1)45℃ (2)55℃ (3)65℃ (4)75℃ 為換算值。 …… (4)

15.( ) 若將變壓器各部分的尺寸放大 n 倍時，則其容量增加為 (1)n 倍 (2)n^2 倍 (3)n^4 倍 (4)n^6 倍。 …… (3)

16.( ) 渦流損的大小與矽鋼帶厚度的 (1)1/2 次方 (2)2 次方 (3)1/3 次方 (4)3 次方 成正比。 …… (2)

> **解析** $P_e = K_e f^2 B_m^2 t^2$，P_e 渦流損，f 頻率，B_m 磁通密度，t 矽鋼片厚度。

17.( ) 某三相變壓器若線電壓為 34.5kV，線電流為 100.4A，則其容量為 (1)6000kVA (2)600kVA (3)3500kVA (4)7000kVA。 …… (1)

> **解析** $S = \sqrt{3} VI = \sqrt{3} \times 34.5k \times 100.4 = 6000kVA$。

18.( ) 電器的絕緣電阻單位是 (1)歐姆 (2)仟歐姆 (3)微歐姆 (4)百萬歐姆。 …… (4)

19.( ) 單相三線式線路，當負載電流皆為 20A 時，其中性線電流為 (1)40A (2)20A (3)60A (4)0A。 …… (4)

> **解析** 單相三線式當負載平衡時，其中性線電流為零。

20.(　) 匝比為 30 之 50kVA 變壓器，若一次電壓為 6300V 時，其二次電流應為　(1)238A　(2)476A　(3)23.8A　(4)283A。 (1)

解析 $S = V_1 I_1$；$50k = 6300 \times I_1$；$I = 7.93A$，$\dfrac{I_2}{I_1} = \dfrac{N_1}{N_2}$；$\dfrac{I_2}{7.93} = 30$；$I_2 = 237.6$。

21.(　) 內鐵式變壓器與外鐵式變壓器之比較，下述何者為誤？　(1)鐵損較小　(2)銅損較小　(3)磁路較短　(4)較容易絕緣。 (2)

22.(　) 變壓器短路時，所產生之電磁機械力與電流的　(1)1 次方　(2)2 次方　(3)3 次方　(4)1/2 次方　成正比。 (2)

23.(　) 夾式電流表測定交流線路電流之原理為　(1)比壓器(P.T)　(2)比流器(C.T)　(3)歐姆定律　(4)安培左手定則。 (2)

24.(　) 有一變壓器，其一次電壓為 600 伏，匝數為 2250 匝，頻率為 60Hz，則 ϕ_m 應為　(1)0.001 韋柏　(2)0.01 韋柏　(3)0.1 韋柏　(4)0.2 韋柏。 (1)

解析 $E = 4.44 f N \phi_m$；$600 = 4.44 \times 60 \times 2250 \times \phi_m$；$\phi_m = 0.001$ 韋柏。

25.(　) 導線安全電流之大小與導線直徑　(1)成正比　(2)成反比　(3)平方成正比　(4)平方成反比。 (3)

26.(　) 變壓器的三大主要材料是　(1)銅、鐵、鋼　(2)銅、鋁、鋼　(3)銅、鐵、絕緣材料　(4)銅、鋁、錫。 (3)

27.(　) 目前台灣電力系統的最高電壓為　(1)69kV　(2)161kV　(3)345kV　(4)500kV。 (3)

28.(　) 二次側電壓為 220V 的單相變壓器三具做 Y 連接時，線電壓為　(1)220V　(2)440V　(3)110V　(4)380V。 (4)

解析 Y 接線時：$E_1 = \sqrt{3} E_p = \sqrt{3} \times 220 = 380V$。

29.(　) 變壓器滿載時之銅損為 120kW，鐵損為 40kW，則半載時之總損失為　(1)160kW　(2)100kW　(3)80kW　(4)70kW。 (4)

解析 鐵損與負載無關，銅損與負載的平方成正比，所以 $P_{loss} = 120k \times \left(\dfrac{1}{2}\right)^2 + 40k = 70kW$。

30.(　) 匝數比為 $N_1/N_2 = 5$ 之單相變壓器三台，作 △ － Y 連接，二次線電流為 50A，則一次線電流為　(1)5A　(2)$5\sqrt{3}$ A　(3)10A　(4)$10\sqrt{3}$ A。 (4)

解析 △ － Y 連接：$\dfrac{N_1}{N_2} = \dfrac{I_{l2} \times \sqrt{3}}{I_{l1}}$；$5 = \dfrac{50 \times \sqrt{3}}{I_{l1}}$；$I_{l1} = 10\sqrt{3}$。

31.(　) 8Ω 電感器與 6Ω 電阻器串聯後接於 100V 之交流電源，則電感器兩端電壓為　(1)100V　(2)80V　(3)60V　(4)40V。 (2)

解析 $V_L = I X_L = \dfrac{100}{\sqrt{8^2 + 6^2}} \times 8 = 80V$。

32.( ) 某變壓器無載時電壓比為 20：1，滿載時電壓比為 20.5：1，則此變壓器的電壓調 (2)
整率為 (1)1.5％ (2)2.5％ (3)3.5％ (4)4.5％。

解析 依匝數比關係，變壓比高，二次側電壓低，$\varepsilon\% = \dfrac{V_o - V_f}{V_f} = \dfrac{20.5 - 20}{20} = 2.5\%$。

33.( ) 某變壓器高壓側之電流為 20A，而折算至高壓側之等值電阻為 5Ω，則其銅損為 (2)
(1)400W (2)2000W (3)500W (4)4W。

解析 $P_C = I^2 R = 20^2 \times 5 = 2000W$。

34.( ) 二次側為 200V△形接線之三相 100kVA 變壓器，其二次側線電流為 (1)288.7A (1)
(2)500A (3)166.7 (4)333.4A。

解析 $S = \sqrt{3}\,VI$；$I = \dfrac{100k}{220\sqrt{3}} = 288.7A$。

35.( ) 某 3300/110 伏特之單相變壓器，當高壓側之負載電流為 10 安培時，其低壓側之 (1)
負載電流為 (1)300 安培 (2)330 安培 (3)150 安培 (4)100 安培。

36.( ) 銅導線軋延成原來之 4 倍長，截面積變為原來之 1/4 時，此導線之電阻變成原來 (1)
之 (1)16 倍 (2)8 倍 (3)4 倍 (4)1 倍。

解析 $R = \rho\dfrac{l}{A}$，$R_B = \rho\dfrac{l_B}{A_B} = \rho\dfrac{4l_A}{1/4\,A_A} = 16R_A$。

37.( ) 一次電壓為 3300V，二次電壓為 110V，二次匝數為 40 匝之變壓器，其一次匝數 (2)
為 (1)240 匝 (2)1200 匝 (3)2480 匝 (4)1240 匝。

解析 $\dfrac{V_1}{V_2} = \dfrac{N_1}{N_2}$；$\dfrac{3300}{110} = \dfrac{N_1}{40}$；$N_1 = 1200$ 匝。

38.( ) 高壓側與低壓側之端電壓相位差為 30 度之變壓器，是一種 (1)單相變壓器 (3)
(2)單相自耦變壓器 (3)三相變壓器 (4)多相變壓器。

解析 Y 接線，線電壓超前相電壓 30°；△接線，線電流超前相電流 30°。
△接線與 Y 接線屬於三相連接主要的形式。

39.( ) 自耦變壓器的共同線圈之電流等於 (1)一次相電流 (2)二次相電流 (3)一、二次 (4)
相電流之和 (4)一、二次相電流之差。

40.( ) 若變壓器之匝數比為 100，低壓繞組之導體截面積為 1000 mm²，高壓線圈導體之 (4)
截面積約為 (1)100,000 mm² (2)1000 mm² (3)100 mm² (4)10 mm²。

解析 $A = \dfrac{N_1}{N_2} = \dfrac{\text{低壓線圈導體截面積}A_L}{\text{高壓線圈導體截面積}A_H}$；$100 = \dfrac{1000}{A_H}$；$A_H = 10$ mm²。

41.( ) 某 100kVA 變壓器,滿載時其功率因數為 0.8,則輸出有效功率為 (1)125kW (2)60kW (3)80kW (4)138kW。 　　(3)

解析 $P=S\cos\theta=100\times0.8=80kW$。

42.( ) 歐姆定律說明電路中的負載電流大小與 (1)負載電壓成正比 (2)負載電壓成反比 (3)負載電壓無關 (4)負載阻抗成正比。 　　(1)

解析 歐姆定律 $V=IR$。

43.( ) 單相 30kVA,3300V/110-220V 的變壓器,其一次側應裝設 (1)10A (2)20A (3)3A (4)100A 的保險絲為宜。 　　(1)

解析 $S=IV$;$I=S/V=30000/3300=9A$。

44.( ) 兩台單相變壓器欲並聯使用時,可不必考慮 (1)變壓比須相同 (2)百分阻抗須相等 (3)頻率須相同 (4)絕緣電阻須相同。 　　(4)

解析 變壓器並聯使用時,應考慮的條件有:1.一次、二次額定電壓相同,即變壓比須相等。2.極性要正確,即一次及二次之極性要一致。3.等值阻抗與額定容量要成反比。4.各變壓之電阻與漏抗之比相等。

45.( ) △－△型連接的變壓器,如有一具變壓器損毀或拆離時,剩下的兩具變壓器可接為 (1)三線 Y 型 (2)閉合△型 (3)Y－△型 (4)V－V 接線。 　　(4)

解析 當△－△有一個變壓器損壞時可採用 V－V 接線。

46.( ) 較大電流之線圈通常都以數條導體並聯繞線,其目的在防止 (1)銅損 (2)鐵損 (3)阻抗電壓 (4)激磁電流 增加。 　　(1)

47.( ) 單相變壓器之二次電壓為 220V,額定電流為 455A,則變壓器的容量為 (1)10kVA (2)100kVA (3)1000kVA (4)10000kVA。 　　(2)

解析 $S=IV=220\times455=100.1kVA$。

48.( ) 變壓器的二次阻抗,若轉換為一次側阻抗,則應乘以 (1)N_1/N_2 (2)N_2/N_1 (3)$(N_2/N_1)^2$ (4)$(N_1/N_2)^2$。 　　(4)

49.( ) 有一變壓器高壓側為 2000 匝,若欲將 10000 伏變為 100 伏,則低壓側應為 (1)2000 匝 (2)200 匝 (3)20 匝 (4)2 匝。 　　(3)

解析 $\dfrac{V_1}{V_2}=\dfrac{N_1}{N_2}$;$\dfrac{10000}{100}=\dfrac{2000}{N_2}$;$N_2=20$ 匝。

50.( ) Y 接線時,相電流 I_P 與線電流 I_ℓ 之關係為 (1)$I_P=I_\ell$ (2)$I_P=\sqrt{3}I_\ell$ (3)$I_\ell=\sqrt{3}I_P$ (4)$I_\ell=2I_P$。 　　(1)

51.( ) 以單相 6600V/110V 變壓器接在 3300V 的線路上時，其二次側電壓為　(1)110V　(2)220V　(3)440V　(4)55V。 **(4)**

解析　$\dfrac{V_1}{V_2}=\dfrac{N_1}{N_2}$；$\dfrac{3300}{V_2}=\dfrac{6600}{110}$；$V_2=55V$。

52.( ) 有一平衡三相三角形連接的變壓器，若所供給線電壓為 220V，線電流為 190.5A，則其相電壓及相電流為　(1)220V，110A　(2)110V，220A　(3)220V，220A　(4)110V，110A。 **(1)**

解析　△接線時：$E_1=E_p=220V$；$I_1=\sqrt{3}\,I_p$，$I_p=190.5/\sqrt{3}=110A$。

53.( ) 三相變壓器接成△接線時，其線電壓(E_l)和相電壓(E_p)的關係為　(1)$E_1=\sqrt{3}E_p$　(2)$E_1=E_p$　(3)$E_1=E_p/\sqrt{3}$　(4)$E_1=2E_p$。 **(2)**

解析　變壓器接成△接線時：$E_1=E_p$；$I_1=\sqrt{3}\,I_p$，接成 Y 接線時：$E_1=\sqrt{3}\,E_p$；$I_1=I_p$。

54.( ) 有一線圈通以 60Hz 的電源，最大磁通量為 0.0025 韋伯，欲使其感應電勢為 60 伏，則此線圈匝數為　(1)70　(2)80　(3)90　(4)100。 **(3)**

解析　$E=4.44Nf\phi$；$60=4.44N\times60\times0.0025$；$N=90$ 匝。

55.( ) 變壓器二次側發生短路時，若其短路電流為額定電流之 25 倍，作用於繞組之電磁機械力約為正常時之　(1)25 倍　(2)50 倍　(3)1/25 倍　(4)625 倍。 **(4)**

解析　機械力$=25^2=625$ 倍。

56.( ) 兩具單相 100kVA 的變壓器，接成 V 接線時，其可供應的三相滿載電力容量為　(1)100kVA　(2)158kVA　(3)173kVA　(4)200kVA。 **(3)**

解析　V 接線 $S=\sqrt{3}\,S=\sqrt{3}\times100k=173kVA$。

57.( ) 配電變壓器之二次側中性線接地係屬於　(1)低壓電源系統接地　(2)高壓電源系統接地　(3)內線系統接地　(4)設備接地。 **(1)**

58.( ) 有一三相變壓器作 Y－△結線，其電壓比為 13200/660V，則每相之匝數比為　(1)34.6　(2)20　(3)11.5　(4)10。 **(3)**

解析　Y－△結線：$\dfrac{N_1}{N_2}=\dfrac{V_{l1}/\sqrt{3}}{V_{l2}}=\dfrac{13200/\sqrt{3}}{660}=11.5$。

59.( ) 下述何種油介電常數最大　(1)食用油　(2)脂肪油　(3)礦物油　(4)植物油。 **(3)**

解析　固體的介電常數大於液體的介電常數。

60.( ) 單相變壓器(6900-6600-6300-6000-5700/110 伏特)現用 6600 伏特之分接頭，二次側電壓為 105 伏特；若二次側欲得 110 伏特，其一次側分接頭應改在　(1)6900V　(2)5700V　(3)6600V　(4)6300V。 **(4)**

解析　$N_1V_1=N_1{'}V_1{'}$；$6600\times105=N_1{'}\times110$；$N_1{'}=6300$。

61.(　) 套管式比流器(B.C.T.)比值是 2000/5A 時，其二次匝數應為　(1)350 匝　(2)400 匝　(3)450 匝　(4)500 匝。　(2)

62.(　) 變壓器外殼製作完成時，其首要工作為　(1)塗裝　(2)過磅　(3)尺寸檢查及氣密試驗　(4)組裝套管。　(3)

63.(　) 變壓器保護電驛，代號為 96D 係指　(1)樸氣電驛　(2)油溫度計　(3)放壓裝置　(4)油面電驛。　(3)

64.(　) 三相 220V，12P 之冷卻風扇，其中 12P 係表示　(1)溫度　(2)極數　(3)冷卻方式　(4)價錢。　(2)

65.(　) 一般迫緊用檔鐵，直徑如為 7φ 時，迫緊使用厚度應為　(1)7 mm　(2)8 mm　(3)9 mm　(4)10 mm。　(4)

66.(　) 變壓器外殼內部裝設磁氣遮蔽板，是指　(1)銅板　(2)矽鋼片　(3)鐵板　(4)壓紙板。　(2)

67.(　) 變壓器遙控盤零件代號為 90，係指　(1)輔助電驛　(2)按鈕開關　(3)自動電壓調整器　(4)切換開關。　(3)

68.(　) 變壓器裝設散熱器的目的是　(1)冷卻　(2)美觀　(3)牢固　(4)防止變形。　(1)

69.(　) 磁氣遮蔽板組裝完成後，應測試　(1)阻抗　(2)匝比　(3)電流　(4)絕緣電阻。　(4)

70.(　) 變壓器保護電驛代號為 26W 係指　(1)油溫度計　(2)樸氣電驛　(3)線圈溫度計　(4)放壓裝置。　(3)

71.(　) 變壓器裝設防音壁的目的是　(1)降低噪音　(2)防止油劣化　(3)加強冷卻效果　(4)防止漏油。　(1)

72.(　) 絕緣等級 20A 號(25kV)之套管，其沿面洩漏距離應為　(1)590 mm　(2)490 mm　(3)390 mm　(4)290 mm。　(1)

73.(　) 60kV 變壓器，異相之氣中安全絕緣距離為　(1)450 mm　(2)550 mm　(3)650 mm　(4)750 mm。　(4)

74.(　) 三相 69/11.95kV，15/20/25MVA 結線為△－Y 之變壓器，當負載達 20MVA 時，二次側電流為　(1)866A　(2)966A　(3)1066A　(4)1166A。　(2)

解析　$S = \sqrt{3}\, V_L I_L$；$20M = \sqrt{3} \times 11.95k \times I_L$；$I_L = 966A$。

75.(　) 變壓器之接續端子(平板型)表面鍍錫，其作用為　(1)美觀　(2)保溫　(3)防止局部過熱　(4)提升阻抗。　(3)

76.(　) 變壓器鐵心裝設油路的功用是　(1)美觀　(2)冷卻　(3)提升阻抗　(4)降低激磁電流。　(2)

77.(　) 變壓器外殼裝設補強鋼板的目的為　(1)美觀　(2)增加重量　(3)提高效率　(4)提高機械應力。　(4)

解析　鋼板可提供磁路之隔離，並有良好之機械強度。

78.( ) 變壓器裝設活線濾油機的目的是　(1)防止油劣化　(2)美觀　(3)提高鐵損　(4)提高阻抗。　　　　(1)

79.( ) 在線圈的高低壓間設置混觸防止板的目的為　(1)加強絕緣強度　(2)隔離異常電壓　(3)加強機械強度　(4)降低銅損。　　　　(2)

80.( ) 線圈用絕緣紙的密度約為　(1)0.4 g/cm^3　(2)0.6 g/cm^3　(3)0.8 g/cm^3　(4)1.0 g/cm^3。　　　　(4)

81.( ) 當負載增加時，漏磁變壓器的漏抗　(1)變小　(2)不變　(3)變大　(4)不一定。　　　　(3)

82.( ) 適合於交流電弧、電銲機之用者為　(1)恆壓變壓器　(2)自耦變壓器　(3)漏磁變壓器　(4)變流變壓器。　　　　(3)

83.( ) 家用日光燈安定器，為下列那一種變壓器？　(1)試驗用變壓器　(2)漏磁變壓器　(3)變流變壓器　(4)磁性放大器。　　　　(2)

84.( ) 關於自耦變壓器，下列敘述何者正確？　(1)體積小，成本低，但效率較普通變壓器低　(2)體積大，成本高，但效率較普通變壓器高　(3)激磁電流比普通變壓器大　(4)體積小，成本低，效率較普通變壓器高。　　　　(4)

85.( ) 三具單相 440/220V 變壓器作三相接線，當其一次側電源為 440V 時，則下列何種接法可得 380V 的線電壓輸出　(1)△－△型　(2)Y－Y 型　(3)Y－△型　(4)△－Y 型。　　　　(4)

> **解析**　△－Y 為昇壓之接法，$E_{12}=\sqrt{3}\,E_{p2}=\sqrt{3}\times220=380V$。

86.( ) 最適應用在受電端變壓器採用的三相結線是　(1)V－V 型　(2)△－△型　(3)△－Y 型　(4)Y－△型。　　　　(4)

> **解析**　Y－△為降壓之接法。

87.( ) 欲將二相電源變為三相電源，該變壓器組應選用　(1)T 型連接　(2)V－V 型連接　(3)△－Y 連接　(4)Y－△連接。　　　　(1)

88.( ) 一單相變壓器其無載端電壓為 320 伏特，而滿載端電壓為 195 伏特，則此變壓器之電壓調整率為　(1)0.641　(2)0.391　(3)1.609　(4)2.641。　　　　(1)

> **解析**　$\varepsilon\% = \dfrac{V_o - V_f}{V_f} = \dfrac{320 - 195}{195} = 0.641$。

89.( ) 一部變壓器其輸出功率為 2kW，銅損為 200W，鐵損為 300W，則此變壓器之效率為　(1)95％　(2)90％　(3)85％　(4)80％。　　　　(4)

> **解析**　效率 $\eta\% = \dfrac{輸出}{輸出+損失} \times 100\% = \dfrac{2k}{2k+200+300} \times 100\% = 80\%$。

90.( ) 單相 5kVA 之變壓器，其鐵損為 100W，滿載銅損 150W，在功因為 1.0 的情況下，16 小時半載，8 小時無載，則全日效率為何？ (1)97% (2)93% (3)91% (4)88%。　(2)

解析

$$全日效率 \eta\% = \frac{全日輸出}{全日輸出+損失} \times 100\% = \frac{5kVA \times \frac{1}{2} \times 16}{5kVA \times \frac{1}{2} \times 16 + 100 \times 24 + 150 \times \left(\frac{1}{2}\right)^2 \times 16}$$

$$\times 100\% = 93\%$$

91.( ) 一台 5kVA，2000/200V，60Hz 單相變壓器，自高壓側加電源，而低壓側短路，施作短路試驗，若欲獲得滿載銅損，則從高壓側輸入的電源應為 (1)200V (2)2000V (3)2.5A (4)25A。　(3)

解析 短路試驗為低壓測短路，在高壓測加入額定電流。$I_1 = \frac{P}{V_1} = \frac{5000}{2000} = 2.5A$

92.( ) 變壓器之鐵損與 (1)電源電壓成正比 (2)電源電壓之平方成正比 (3)負載電流成正比 (4)負載電流平方成正比。　(2)

解析 變壓器的鐵損與電壓之平方成正比與負載電流無關。

93.( ) 變壓器的銅損與 (1)電源電壓成正比 (2)電源電壓的平方成正比 (3)負載電流成正比 (4)負載電流平方成正比。　(4)

解析 銅損 $P_C = I^2R$，故銅損與負載電流平方成正比。

94.( ) 比流器(C.T)二次側之電路一般均採用何種配線為原則？ (1)1.6 mm² 黑色 (2)2.0 mm² 紅色 (3)2.0 mm² 黑色 (4)2.0mm² 黃色。　(3)

95.( ) 比壓器(P.T)二次側之電路一般均採用何種配線為原則？ (1)1.6 mm² 黑色 (2)2.0 mm² 紅色 (3)2.0 mm² 黑色 (4)2.0 mm² 黃色。　(2)

96.( ) 線電流為 10A 之平衡三相三線負載系統，以夾式電流表任夾兩線測電流，其值為 (1)0A (2)10A (3)$10\sqrt{2}$ A (4)20A。　(2)

解析 三相三線平衡系統，任夾一線測量，其電流為本身線電流，任夾二線測量，其電流為未夾線之，大小相同，方向相反之電流，任夾三線測量，其總電流為零。

97.( ) 一般發電廠的升壓變壓器多採用 (1)△－△接線 (2)△－Y 接線 (3)Y－△接線 (4)Y－Y 接線。　(2)

98.( ) 某貫穿式比流器的額定電流比為 150:5，其一次側基本貫穿匝數為 1 匝，若一次側貫穿 3 匝，量測到二次側電流為 4A，則一次側的電流為 (1)40A (2)80A (3)120A (4)150A。　(1)

解析 $a_c = \frac{I_1}{I_2} = \frac{N_1 I_1'}{N_2 I_2'}$; $\frac{150}{5} = \frac{3I_1'}{4}$; $I_1 = 40A$。

99.( ) 下列有關變壓器絕緣油應具備之條件，何者錯誤　(1)凝固點高　(2)黏度低　　(1)
(3)引火點高　(4)品質安定，不易變質。

100.( ) 當變壓器之負載損失相同時，銅與鋁之截面積比為　(1)1:1　(2)1:2　(3)1.64:1　　(4)
(4)1:1.64。

解析 負載損失與導電率成反比，導電率以標準軟銅為 100％ 做基準，鋁的導電率為 61
％，負載損失相同時，銅與鋁之截面積比約為 1：1.6。

101.( ) 下列那些是變壓器△－△接線之特性　(1)一次側 $V_L=V_P$　(2)$I_L=I_P$　(3)位移角 0°　　(13)
(4)有第三諧波。

解析 變壓器接成△－△接線時：一側電壓 $E_1=E_p$；$I_1=\sqrt{3}\,I_p$，電壓的位移角為 0，△連
接可免除三次諧波之害

102.( ) 下列那些是變壓器△－Y 接線的特點　(1)一次側線電流落後相電流 30°　(2)位移　　(12)
角為 Y 超前 30°　(3)此種接法有降壓作用　(4)輸出容量 $S=3VI$。

解析 Y 接線線電壓相位超前相電壓 30°，△－Y 接法為降壓，輸出容量為 $\sqrt{3}\,V_LI_L$。

103.( ) 三相變壓器並聯下列那兩者是不可行的　(1)Y－Y 與△－Y　(2)Y－△與△－Y　　(13)
(3)△－△與△－Y　(4)△－△與 Y－Y。

解析 三相變壓器並聯，Y 與△為偶數，即可並聯。

104.( ) 變壓器的開路實驗需使用到那些儀表　(1)伏特表　(2)瓦時表　(3)電流表　(4)高　　(13)
阻計。

105.( ) 自耦變壓器與普通變壓器比較有那些缺點　(1)體積大　(2)絕緣處理困難　(3)電　　(23)
壓比低　(4)激磁電流大。

解析 自耦變壓器的優點：體積小，成本低，激磁電流小，效率較普通變壓器高，缺點為：
電壓比小，範圍約為 1.05～1.25：1，兩繞組均須使用高壓絕緣，絕緣處理困難。

106.( ) 有關比流器的使用必需注意那些事項　(1)二次側必需接地　(2)未接電表時 CT　　(12)
二次側需短路　(3)二次側迴路要用紅色線　(4)ZCT 限單相使用。

解析 使用比流器注意事項：1.二次側不得開路；2.二次側須接地，3.二次側迴路線要用
$2.0mm^2$ 黑色線，4.二次額定電流 5A，5.進行接線時 CT 二次側線圈退繞 1％以校正
輸出電流。

107.( ) 變壓器在下列何種情況要考慮極性　(1)單獨使用　(2)兩台串聯　(3)兩台並聯　　(234)
(4)三相連接。

108.( ) 磁路的磁阻之定義那些是正確的 (1)與磁路長度成正比 (2)與磁路的面積成反比 (3)與導磁係數成正比 (4)磁阻與材料無關。 (12)

解析 $R = \dfrac{l}{\mu_0 \mu_r A}$，故變壓器的磁組與磁路的長度成正比，與磁路的長度、導磁材料的導磁係數成反比。

109.( ) 變壓器負載加倍則 (1)銅損不變 (2)鐵損不變 (3)銅損增為4倍 (4)鐵損增為4倍。 (23)

解析 變壓器之鐵損與負載無關，銅損與負載的平方成正比。

110.( ) 有關電力變壓器下列敘述何者正確？ (1)鐵芯夾緊螺栓必須與固定夾件體和鐵芯絕緣 (2)鐵芯及其所有金屬物件必須接地 (3)鐵芯只能是多點接地，否則鐵芯會燒壞 (4)鐵芯及其金屬附件在繞組電場作用下會產生電位。 (124)

111.( ) 某變壓器無載時變壓比為 30：1，接上功率因數滯後的負載後變壓比有可能為 (1)29.5：1 (2)29.8：1 (3)30.2：1 (4)30.5：1。 (34)

解析 接上滯後功率負載後，變壓比會增加，故答案為(3)、(4)。

112.( ) 變壓比 $a > 1$ 的自耦變壓器 (1)電源側電壓等於串聯繞組電壓 (2)電源側電流等於串聯繞組電流 (3)負載側電壓等於共用繞組電壓 (4)負載側電流等於共用繞組電流。 (23)

解析 變壓比 $1 > 1$ 為降壓變壓器。

113.( ) 660kVA，1200V/1320V 自耦變壓器 (1)共用繞組電流為 550A (2)自有容量為 60kVA (3)串聯繞組電壓為 120V (4)串聯繞組電流為 500A。 (234)

解析 共同繞組電流$=I_L - I_H = \dfrac{660\text{k}}{1200} - \dfrac{660\text{k}}{1320} = 50\text{A}$，$S_A = S_{st}(1 + \dfrac{V_L}{V_H - V_L})$，$660\text{k} = S_{st}(1 + \dfrac{1200}{120})$，$S_{tr} = \dfrac{660\text{k}}{11} = 60\text{kVA}$。

114.( ) 單相自耦變壓器可組合成下列何種三相變壓器 (1)V－V (2)△－△ (3)Y－Y (4)Y－△。 (123)

115.( ) 自耦變壓器的優點為 (1)以較小固有容量做大容量功率輸出 (2)與同輸出容量之雙繞組變壓器比較，可節省銅線及鐵心材料 (3)與同輸出容量之雙繞組變壓器比較，損失較小 (4)可採低壓側電壓等級絕緣。 (123)

解析 自耦變壓器的優點：體積小，成本低，激磁電流小，效率較普通變壓器高，缺點為：電壓比小，範圍約為 1.05～1.25：1，兩繞組均須使用高壓絕緣，絕緣處理困難。

116.(　) 如下圖之三繞組之單相變壓器三具組成三相變壓器，下列何種接法可避免電力供電時三次諧波效應　(1)Y/Y－△　(2)Y/Y－Y　(3)Y/△－Y　(4)△/Y－Y。 (134)

解析 △接可避免電力供電時三次諧波效應。

117.(　) 變壓器電氣特性主要由哪些構成　(1)電路　(2)油路　(3)水路　(4)磁路。 (14)

118.(　) 變壓器油浸風冷之冷卻方式英文字母代稱為　(1)OA　(2)ONFA　(3)ONAN　(4)ONWN。 (123)

解析 自冷，為自然空氣冷的簡稱(AN)；強迫風冷(AF)；送油自冷(OFAN)；送油風冷(OFAF)；送油水冷(OFWF)；油浸自冷(ONAN)；油浸風冷(ONAF)；油浸水冷(ONWF)。

119.(　) 三相變壓器作一、二次繞組接線時應注意哪些規定　(1)相角　(2)頻率　(3)相序　(4)中性點接地與否。 (134)

120.(　) 三相變壓器一、二次繞組為 Dyn1 接線時，下列敘述何者為正確？　(1)三角及 Y 結線　(2)一次側相角領先二次側30度　(3)一次側相角領先二次側10度　(4)一次側相角落後二次側 330 度。 (124)

121.(　) 為使相間電阻值得到較佳平衡之變壓器繞組常使用　(1)轉位導體法　(2)繞組長度平均法　(3)繞組分段法　(4)鐵心分佈法。 (123)

122.(　) 變壓器繞組層與層之間擺置間隔片其目的為　(1)增加層間絕緣能力　(2)良好散熱效果　(3)縮小繞組體積　(4)增強機械應力。 (12)

123.(　) 常見乾式變壓器之絕緣等級區分有　(1)A 級　(2)B 級　(3)F 級　(4)H 級。 (34)

124.(　) 油浸變壓器內部填充氮氣目的為　(1)測漏　(2)抑制絕緣油劣化　(3)提高運轉效率　(4)提高使用容量。 (12)

125.(　) 變壓器依鐵心疊積構造可分為　(1)積鐵心型　(2)內鐵型　(3)外鐵型　(4)捲鐵心型。 (14)

解析 內鐵型與外鐵型指的是變壓器依其鐵心與線圈分佈關係，積體心型指的是由矽鋼片一片一片疊積而成，捲鐵心型則是由整捆的矽鋼捲繞而成。

126.(　) 對於積鐵心型變壓器，下列敘述何者為是？　(1)由矽鋼片捲繞成　(2)不適用於中大型變壓器　(3)鐵損較大　(4)接縫部位較多。 (34)

127.(　) 變壓器外殼製作完成時，首要工作為　(1)塗油　(2)過磅　(3)尺寸檢查　(4)氣密試驗。 (34)

128.( ) 下列何種變壓器無需油劣化防止裝置？ (1)呼吸型 (2)乾式型 (3)儲油槽型 (4)灌滿油型。 **(24)**

129.( ) 內鐵式與外鐵式變壓器之比較，下列何者為內鐵式的優點？ (1)銅損較小 (2)磁路較短 (3)鐵損較小 (4)較容易絕緣。 **(234)**

130.( ) 變壓器的浸漬材料可為 (1)甲酚清漆 (2)透明漆 (3)樹脂漆 (4)乳膠漆。 **(13)**

131.( ) 變壓器絕緣油一般應具備何種條件？ (1)黏度低 (2)凝固點高 (3)引火點高 (4)絕緣耐力強。 **(134)**

> **解析** 絕緣油的目的主是為絕緣和冷卻，所以絕緣油應具有：絕緣耐力大、引火點高、比熱高、凝固點低、比重輕、黏度低、冷卻作用良好、品質安定等特質。

132.( ) 漏磁變壓器常用於 (1)LED 燈 (2)水銀燈 (3)霓虹燈變壓器 (4)交流電弧電銲機。 **(234)**

133.( ) 變壓器容量為 a，重量為 b，b 約為 a 的幾次方成正比，可能答案有那二個 (1)0.3 次方 (2)0.7 次方 (3)0.8 次方 (4)1.2 次方。 **(23)**

134.( ) 在相同電壓，與那二種條件下，單相變壓器重量約為三相變壓器重量的 70% (1)相同頻率 (2)相同鐵損 (3)相同銅損 (4)相同容量。 **(14)**

135.( ) 相同電壓、頻率與容量，60Hz 變壓器重量約為 50Hz 變壓器重量的多少%，可能答案有那二個 (1)110% (2)60% (3)90% (4)95%。 **(34)**

136.( ) 變壓器矽鋼片依磁性性質區分，主要有那二種 (1)方向性矽鋼片 (2)多方向性矽鋼片 (3)無方向性矽鋼片 (4)輻射性矽鋼片。 **(13)**

137.( ) 變壓器鐵心構造部分，方向性變壓器大都採何種型式鐵心製作 (1)捲鐵心 (2)長鐵心 (3)扁鐵心 (4)特殊積層鐵心。 **(14)**

138.( ) 變壓器鐵心構造部分，無方向性變壓器大都採何種型式鐵心製作，何者為非？ (1)捲鐵心 (2)短冊積鐵心 (3)長冊積鐵心 (4)短鐵心。 **(134)**

139.( ) 若變壓器鐵心未鎖緊，送電後不會產生那三種噪音 (1)磁性噪音 (2)高頻噪音 (3)敲擊噪音 (4)嘶吼噪音。 **(234)**

140.( ) 以下何者非變壓器主要附件 (1)冷卻裝置 (2)導電裝置 (3)測量裝置 (4)排水裝置。 **(23)**

三 鐵心製作

01.( ) 下列那一項是變壓器鐵心矽鋼片應具備的條件之一 (1)價廉，導磁率低 (2)價廉，導磁率高 (3)機械強度小 (4)磁滯損失大。 **(2)**

> **解析** 變壓器鐵心矽鋼片應具備的條件為價廉、導磁系數高、機械強度大，磁滯損失小。

02.( ) 為使鐵心接縫良好，應管制矽鋼片的 (1)厚度 (2)剪裁密度 (3)疊積鬆緊度 (4)重量。 **(3)**

03.(　) 矽鋼片的比重大約為　(1)8.9　(2)2.7　(3)7.65　(4)3.44。　　　(3)

04.(　) 積鐵心之佔積率約為　(1)0.80　(2)0.85　(3)0.95　(4)1.05。　　　(3)

解析 佔積率，整體體積所佔之百分比。

05.(　) 變壓器鐵心採用薄矽鋼的目的，是為減少　(1)渦流損　(2)銅損　(3)介質損　　　(1)
(4)雜散損。

解析 $P_e = K_e \times t^2 f^2 B_m^2$，$P_e$：渦流損、$t$：鐵心矽鋼片之厚度、$f$：頻率、$B_m$：磁通密度，因渦流損正比於矽鋼片厚度的平方，所以矽鋼片愈薄，其渦流損愈小，故其鐵損愈小。

06.(　) 矽鋼帶的毛頭大小，主要影響　(1)鐵損　(2)銅損　(3)漂游損　(4)硬度。　　　(1)

07.(　) 鐵心加工時所受之殘餘應力，將影響其　(1)電氣特性　(2)絕緣特性　(3)化學特性　　　(4)
(4)磁化特性。

08.(　) 鐵心加矽的目的，是為減少　(1)銅損　(2)硬度　(3)漂游損　(4)磁滯損。　　　(4)

解析 鐵心使用疊片目的是為了減少渦流損；加矽的目的是為了減少磁滯損。

09.(　) 三相配電變壓器多採用　(1)外鐵型　(2)內鐵型　(3)四腳型　(4)五腳型　鐵心。　　　(2)

解析 內鐵式適用於高電壓、小電流，其絕緣、散熱較佳。

10.(　) 鐵心的退火溫度約　(1)400℃　(2)600℃　(3)800℃　(4)1000℃。　　　(3)

11.(　) 積鐵心的固定方式，除使用絕緣螺拴緊外，尚可使用　(1)銅帶　(2)鐵絲　(3)鋼帶　　　(4)
(4)玻纖捲帶(P.G.Tape)　捆綁。

12.(　) 變壓器之矽鋼片常用之厚度有　(1)0.5～0.64 mm　(2)5～6.4 mm　(3)0.2～0.35　　　(3)
mm　(4)2～3.5 mm。

解析 一般變壓器之矽鋼片為 0.35 mm 厚之 S 級方向性冷軋延矽鋼片疊成，含矽量約 4％。

13.(　) 捲鐵心變壓器之鐵心，通常都用　(1)冷軋延方向性矽鋼片　(2)熱軋延矽鋼片　　　(1)
(3)冷軋延無方向性矽鋼片　(4)雙方向性矽鋼片。

14.(　) 鐵心加矽過量會使鐵心　(1)變強　(2)變脆　(3)變軟　(4)變硬　而不易施工。　　　(2)

解析 但是如果含矽量太高，則會使矽質變脆，機械強度不足，故一般而言，矽鋼含矽量約為 3～4％。

15.(　) 加工後的捲鐵心必須實施退火，目的是　(1)減少矽鋼片的含量　(2)減少矽鋼片的　　　(3)
毛頭　(3)消除機械應力　(4)減少接縫大小。

解析 退火為金屬熱處理方式，其目的是加熱後緩慢冷卻，用以消除機械應力，使金屬變軟。

16.( ) 變壓器鐵心矽鋼片的含矽量約為　(1)10～15％　(2)20～25％　(3)30～35％　(4)3～4％。　　(4)

17.( ) 欲使方向性矽鋼帶之激磁電流為最小時，其壓延方向應與磁路方向成　(1)平行　(2)垂直　(3)45度　(4)任意角度。　　(1)

18.( ) 矽鋼片經剪切後，其導磁率將　(1)成線性增加　(2)成不規則性增加　(3)不變　(4)減少。　　(4)

19.( ) 鐵心完成疊積後，為檢視疊積良否可測試　(1)匝比　(2)銅損　(3)線圈電阻　(4)鐵損及激磁電流。　　(4)

20.( ) 矽鋼片剪切後的角度最好為　(1)45°　(2)90°　(3)60°　(4)120°。　　(1)

21.( ) 變壓器鐵心係由矽鋼片疊積、捲積而成，為使鐵心不致鬆散，一般固定方法有　(1)粘固法、拴緊法、綁緊法　(2)粘固法、銲接法、拴緊法　(3)拴緊法、銲接法、綁緊法　(4)粘固法、綁緊法、銲接法。　　(1)

22.( ) 厚 0.33 mm×寬 40 mm 之紮帶其鎖緊壓力應為　(1)3.5 kg/cm^2　(2)2.5 kg/cm^2　(3)4 kg/cm^2　(4)10 kg/cm^2。　　(2)

23.( ) 變壓器鐵心所用的材料為　(1)導電材料　(2)絕緣材料　(3)絕熱材料　(4)磁性材料。　　(4)

24.( ) 鐵心間隔片的目的是　(1)省油　(2)節省矽鋼片　(3)冷卻　(4)增加重量。　　(3)

25.( ) 鐵心紮帶最好的保存方法是置於　(1)料架上　(2)冰箱內　(3)抽屜內　(4)輸送帶上。　　(2)

26.( ) 變壓器鐵心窗高為 1250 mm 時，鐵心紮帶應配置幾處為最適當　(1)1　(2)3　(3)5　(4)7。　　(3)

解析　紮帶間的距離以 200~300 mm 為宜，且距離要均一。

27.( ) 變壓器鐵心若採用較厚之矽鋼片，則將影響其　(1)鐵心渦流損增加　(2)鐵心渦流損減少　(3)線圈銅損增加　(4)線圈銅損減少。　　(1)

28.( ) 疊積後之鐵心，應以何物來防止生鏽　(1)膠帶包紮　(2)機油　(3)汽油　(4)凡立水。　　(4)

29.( ) 矽鋼片材質為 20RGH90 係表示其厚度　(1)0.9 mm　(2)0.18 mm　(3)0.2 mm　(4)2.0 mm。　　(3)

30.( ) 鐵心貫穿螺絲的絕緣材料，最好用　(1)皺紋紙管　(2)玻璃纖維管　(3)電木管　(4)塑膠管。　　(2)

31.( ) 矽鋼片之厚度與噪音值成　(1)平方正比　(2)正比　(3)反比　(4)等比　關係。　　(3)

32.( ) 非晶質鐵心，材質特性與加諸之壓力值成　(1)平方正比　(2)等比　(3)正比　(4)反比　關係。　　(4)

33.( ) 鐵心燒鈍時加入少許 H$_2$，其目的在　(1)提升特性　(2)防止鐵心表面氧化　(3)降低劣化率　(4)防止過熱。　　(2)

34.( ) 適當鐵心燒鈍溫度約為 (1)200～300℃ (2)300～400℃ (3)500～600℃ (4)600
～800℃ 為最理想。 **(4)**

35.( ) 矽鋼片之渦流損，隨著頻率之 (1)0.6 (2)1.0 (3)1.6 (4)2.0 次方成正比。 **(3)**

36.( ) 鐵心經燒鈍退火最主要目的在於使之 (1)美觀 (2)成型 (3)提升特性 (4)降低
劣化率。 **(2)**

解析 燒鈍退火是消除殘留的內部應力，增加其硬度、抗氧化度，以增加磁化特性。

37.( ) $R=\mu\ell/A$ 式中 μ 表示 (1)材料導磁係數 (2)磁路路徑 (3)材料厚度 (4)材料疊積
率。 **(1)**

38.( ) 矽鋼片加工剪切時其毛刺應管制於 (1)0.01 mm (2)0.03 mm (3)0.05 mm
(4)0.1 mm 以下，以免影響鐵心特性。 **(2)**

39.( ) 鐵心燒鈍時通常加入 N_2 其目的在防止鐵心 (1)碎化 (2)過熱 (3)變形
(4)氧化。 **(1)**

40.( ) 鐵心受激磁產生磁通，其方向與矽鋼片壓延方向成 (1)相同 (2)90° (3)45°
(4)相反 時磁阻最小。 **(1)**

解析 磁力線沿軌延方向進行時磁阻最小，導磁性佳。

41.( ) 矽鋼片材質編號 30Z140，其 140 係指鐵損值在 17/50 測試條件下為 (1)1.4 W/kg
(2)14 W/kg (3)140 W/kg (4)1400 W/kg。 **(1)**

42.( ) 一般而言，鐵心結構以下列何者其漏磁率最小 (1)EI 型 (2)NO CUT 捲鐵型
(3)C CUT 捲鐵型 (4)45°斜切疊積型。 **(2)**

解析 同容量的變壓器，捲鐵心採用方向性矽鋼帶製成，具無接縫，較薄且導磁系數較
高，損失較低。

43.( ) 非晶質鐵心材質，其磁飽和值約在 (1)2.0 tesla (2)1.8 tesla (3)1.4 tesla
(4)1.0 tesla。 **(3)**

解析 非晶質鐵心係使用非晶質合金(1morphous 1ll0Y)做為變壓器鐵心之材料，以代替傳
統的矽鋼片鐵心材料，具有電力損耗及低之低損耗的特性。

44.( ) 非晶質捲鐵心燒鈍退火時，其溫度約 (1)100℃ (2)200℃ (3)300℃ (4)400℃。 **(4)**

解析 非晶質鐵心退火溫度不可高於 400℃，以免發生結晶現象。

45.( ) 條件相同下之鐵心材質，厚度愈薄者，其 (1)鐵損值愈小 (2)噪音值愈小
(3)銅損值愈小 (4)激磁電流愈大。 **(1)**

解析 鐵損分為渦流損和磁滯損。

46.( ) 磁通方向與矽鋼片壓延方向一致時其磁阻會 (1)較小 (2)較大 (3)忽大忽小
(4)無影響。 **(1)**

47.( ) 鐵心製作完成後應 (1)多點接地 (2)一點接地 (3)二點接地 (4)不接地為宜。 | (2)

48.( ) 冷壓延方向性矽鋼片於切剪或穿孔加工後應加以 (1)噴漆 (2)表面處理 (3)退火 (4)上油 以消除加工所產生之應力。 | (3)

49.( ) 矽鋼片在相同磁通密度下，60Hz 鐵損較 50Hz 時增加約 (1)1.2～1.3 倍 (2)2.0～2.5 倍 (3)3.0～3.5 倍 (4)4.0～4.5 倍。 | (1)

解析 鐵損與頻率成正比。故 60Hz 之鐵損會較 50Hz 之鐵損多 60/50=1.2 倍。

50.( ) 鐵心材質、截面積、相同之下，就特性而言何者特性較優 (1)積鐵心 (2)捲鐵心 (3)馬蹄型鐵心 (4)塔接型鐵心。 | (2)

51.( ) 非晶質變壓器的特點(amorphous metal transformer，AMT) (1)無載損失較矽鋼高 (2)製造技術層次低 (3)厚度約為矽鋼 1/10 (4)硬度較矽鋼高。 | (34)

52.( ) 內鐵式變壓器的特色那些是正確的 (1)鐵心在繞組的內部 (2)線圈繞在軛鐵 (3)用於高電壓高電流 (4)鐵心一般成口字型。 | (14)

53.( ) 下列那些是鐵磁性的物質 (1)鐵 (2)鈷 (3)銀 (4)銻。 | (12)

54.( ) 環形鐵心的優點有那些 (1)繞線成本低 (2)鐵心成本低 (3)組裝成本低 (4)電磁遮蔽佳。 | (24)

55.( ) 變壓器鐵心通以塗有絕緣漆的矽鋼片按一定規則疊裝而成係為減少 (1)磁滯損 (2)渦流損 (3)鐵損 (4)銅損。 | (123)

56.( ) 內鐵式變壓器較外鐵式變壓器適合 (1)高電壓 (2)低電壓 (3)大電流 (4)小電流。 | (14)

解析 變壓器依其鐵心與線圈分佈關係可分為內鐵式與外鐵式，內鐵式適用於高電壓、小電流，其絕緣、散熱較佳。外鐵式機械應用高，適用於低電壓、大電流。

57.( ) 外鐵式變壓器較內鐵式變壓器適合 (1)高電壓 (2)低電壓 (3)大電流 (4)小電流。 | (23)

58.( ) 變壓器鐵心材料須具備 (1)磁阻小 (2)飽和磁通密度高 (3)導電係數大 (4)銅損小。 | (12)

解析 電阻大，導電係數小。磁阻小、導磁係數高。

59.( ) 變壓器積鐵心的組成有 (1)捲鐵 (2)非鐵 (3)繼鐵 (4)軛鐵。 | (34)

60.( ) 簡易判別積鐵心與捲鐵心之差異構造為 (1)鐵心接縫處 (2)材質方式 (3)剪切方式 (4)成型方式。 | (134)

61.( ) 為有效降低鐵損值其鐵心製作時應注意其 (1)選用高導電材料 (2)減少鐵心接口數 (3)鐵心平面之平整度 (4)鐵心固定。 | (234)

62.( ) 鐵心層表面絕緣漆破損後鐵心會 (1)產生局部發熱 (2)降低渦流損 (3)造成局部短路 (4)造成變壓器運轉時油溫上昇。 | (134)

63.( ) 變壓器鐵心應具備何種條件？ (1)導磁係數高 (2)機械強度佳 (3)加工容易 (123)
(4)鐵損大。

解析 變壓器鐵心應具備，飽和磁通密度高、導磁係數高、電阻大、鐵損小、機械強度大、加工容易。

64.( ) 變壓器矽鋼片切口防鏽液需具備 (1)耐蝕性 (2)塗膜附著性佳 (3)乾燥時間長 (124)
(4)與變壓器油的相容性佳。

65.( ) 為使電力變壓器鐵心不鬆散，一般固定方法有 (1)粘固法 (2)拴緊法 (3)銲接法 (234)
(4)綁緊法。

66.( ) 測試變壓器的疊積良好與否，可測試 (1)銅損 (2)匝比 (3)鐵損 (4)激磁電流。 (34)

67.( ) 變壓器鐵心是薄鋼板重疊而成，薄鋼板需具特性有 (1)導電 (2)磁滯係數小 (234)
(3)導磁係數高 (4)表面平整。

68.( ) 變壓器減少激磁電流與變壓器鐵心具何種性質無關 (1)導電係數高 (2)介電係 (124)
數高 (3)導磁係數高 (4)電阻高。

69.( ) 變壓器鐵心矽鋼片需具那三種性質 (1)低激磁電流 (2)低渦流損 (3)低電阻 (124)
(4)低磁滯損。

解析 高電阻才能降低激磁電流、鐵損包括渦流損與磁滯損，故鐵損小，渦流損與磁滯損小。

70.( ) 內鐵型變壓器使用五腳鐵心構造，有哪二種功用 (1)降低鐵心高度 (2)零序磁通 (12)
電路 (3)增強鐵心成本 (4)正序磁通電路。

四 線圈製作

01.( ) 線圈接頭接續不良在運轉中會使 (1)線圈局部過熱 (2)電壓增加 (3)電流增加 (1)
(4)渦損增加。

02.( ) 平角銅線由圓銅線徑抽壓加工後，在包紙前務須施行 (1)烘乾 (2)退火處理 (2)
(3)拉直 (4)塗漆。

解析 金屬熱處理過程可分為，退火軟化、焠火硬化和回火；退火軟化：加熱後緩慢冷卻，使金屬變軟。

03.( ) 大電流繞組常採用 (1)角筒線圈 (2)連續線圈 (3)螺狀線圈 (4)局型線圈。 (3)

04.( ) 下列那一項不符合於鋁導體之性質 (1)易氧化 (2)硬度較銅小 (3)熱膨脹率比 (4)
鋼材大 (4)導電率接近 100%。

解析 導電率以標準軟銅為 100% 做基準；銀之導電率約為 105%；金導電率為 71.6%；鋁導電率約為 61%；銅包鋼線導電率約為 18%。

05.(　) 導線為 2 mm×1 mm 之平角銅線，若改用圓銅線繞製時其線徑應為　(1)1 mm　　(3)
(2)1.4 mm　(3)1.6 mm　(4)2.0 mm。

06.(　) 桿上變壓器通常採用　(1)單繞組　(2)雙繞組　(3)三繞組　(4)多繞組。　　(2)

07.(　) 線圈導體留有尖角時會因　(1)尖端放電　(2)電壓升高　(3)電流增大　(4)電阻增　　(1)
大　　而引起絕緣破壞。

解析 在導體尖角處，容易有尖端放電現象而造成電暈，造成匝間的短路，進而破壞匝間絕緣。

08.(　) 配電級變壓器繞組，若溫升限制為 65℃時，則其所用絕緣材料為　(1)A 類　(2)E　　(1)
類　(3)F 類　(4)H 類。

解析 溫升限制＝絕緣材料最高容許溫度－周圍溫度，一般變壓器之設計均假設周圍環境溫度為 40 度。繞組溫升限制為(65℃)＋周圍環境溫度(40℃)＝105℃，105 為 A 類絕緣材料。

09.(　) 桿上變壓器一次側設有分接頭，其目的是　(1)預備故障時，可改用其他分接頭　　(3)
(2)調整功率因數　(3)調整電壓　(4)調整電流。

解析 同一電力系統，因線路壓降或負載的變化而讓電壓產生變動，為維持二次側電壓不變，故在變壓器高壓側裝設分接頭，改變匝數比，達到電壓調整的目的。

10.(　) 一般油浸配電級變壓器，高壓分接頭出口線，絕緣長度約與線圈　(1)相同　　(2)
(2)大於線圈 30mm　(3)大於線圈 100mm/m　(4)大於線圈 200m/m。

11.(　) 若變壓器匝比為 200，高壓線圈之導體截面積為 20 mm²，則低壓導體之總截面積　　(4)
約為　(1)20 mm²　(2)200 mm²　(3)400 mm²　(4)4000 mm²。

解析 $200 = \dfrac{A_L}{20}$；$A_L = 4000 mm^2$。

12.(　) 中國國家標準(CNS)規定變壓器繞組以　(1)銅　(2)鋁　(3)銅或鋁　(4)鐵或鋁　　(3)
導電材料繞成。

13.(　) 繞組的油道分佈不良將使　(1)線圈溫度增加　(2)線圈溫度降低　(3)電壓增加　　(1)
(4)電壓降低。

14.(　) 線圈內徑符合設計值，但外徑較設計值大時，則變壓器的　(1)鐵損增大　(2)銅損　　(4)
減少　(3)阻抗變小　(4)阻抗增大。

15.(　) 銅是一種　(1)絕緣材料　(2)導電材料　(3)半導體材料　(4)磁性材料。　　(2)

16.(　) 使用二條以上導線繞製線圈時，必須施行　(1)整形　(2)密合　(3)轉位　(4)銀銲　　(3)
處理。

17.(　) 線圈若導體轉位不良，則可能發生　(1)鐵損增加　(2)激磁電流增加　(3)銅損增加　　(3)
(4)鐵損減少。

18.( ) 線圈間隔片不在一直線上，將會影響 (1)電場強度 (2)絕緣強度 (3)機械強度 (4)散熱效果。 　(3)

19.( ) 三相變壓器其二次側欲接成三相 380V 及單相 220V 時，其引出線至少應有 (1)3 條 (2)4 條 (3)5 條 (4)6 條。 　(2)

20.( ) 目前配電變壓器線圈通常用平角線之範圍為： (1)厚 1～4.5 公厘，寬 4～14 公厘 (2)厚 3～7 公厘，寬 6～18 公厘 (3)厚 5～10 公厘，寬 10～20 公厘 (4)厚 8～12 公厘，寬 15～30 公厘。 　(1)

21.( ) 導體轉位處必須 (1)凡立水處理 (2)加強絕緣 (3)美觀 (4)磨平。 　(2)

22.( ) 線圈邊緣墊環之主要功用為 (1)增加線圈高度 (2)可減少圈數 (3)加強美觀 (4)增強機械強度。 　(4)

23.( ) 鋁之導電率約為銅之 (1)30％ (2)60％ (3)70％ (4)80％。 　(2)

24.( ) 若以每 60°分設一油道，則其油道應有 (1)4 道 (2)6 道 (3)8 道 (4)10 道。 　(2)

解析 油道數$=\dfrac{360°}{60°}=6$(道)。

25.( ) 使用 A 類絕緣材料的油浸式變壓器，其線圈的最高容許溫升 (1)40℃ (2)65℃ (3)50℃ (4)55℃。 　(2)

解析 溫升限制＝絕緣材料最高容許溫度－周圍溫度，一般變壓器之設計均假設周圍環境溫度為 40 度。A 級絕緣材料最高容許溫升為 105℃，故 A 類絕緣材料之溫升限制＝105－40＝65℃。

26.( ) 一般桿上變壓器所用的絕緣材料為 (1)A 類 (2)B 類 (3)E 類 (4)H 類。 　(1)

27.( ) 線圈完成後之外徑較設計值大，高度較設計值低時，變壓器之阻抗電壓將 (1)變大 (2)變小 (3)不變 (4)負載大時變大，負載小時變小。 　(1)

28.( ) 線圈之最熱點較難冷卻處為 (1)線圈中層部 (2)愈靠近鐵心處 (3)線圈外圍部 (4)線圈上下端面。 　(1)

29.( ) 為防範導體絕緣紙有局部針孔存在，絕緣紙至少需重疊 (1)2 張 (2)6 張 (3)10 張 (4)14 張。 　(1)

30.( ) 自耦變壓器一、二次間之絕緣電阻為 (1)零 (2)無限大 (3)大於 1Ω (4)小於 1Ω。 　(1)

解析 自耦變壓器：係指將變壓器的一個繞組，同時兼作一次側與二次側。

31.( ) B 類絕緣材料之容許溫度比 H 類材料 (1)高 (2)低 (3)相同 (4)在 115°以內為高，超過 115°以外為低。 　(2)

解析 絕緣材料容許溫度的等級為：Y＝90℃；A＝105℃；E＝120℃；B＝130℃；F＝155℃；H＝180℃；C＝180℃以上。

32.(　) 變壓器之溫升限制，因所用　(1)導體材料　(2)鐵心材料　(3)外殼材料　(4)絕緣材料　種類而異。　　　　(4)

33.(　) 繞製變壓器時線圈之高度，若較圖面所示之數值為長時，則　(1)銅損增加　(2)鐵損增加　(3)鐵損減少　(4)阻抗電壓減小。　　　　(4)

解析 阻抗電壓，即標么阻抗 $Z_{pu}=Z\%=\dfrac{Z_{實際值}}{Z_{基準值}}$ 。

34.(　) 變壓器二次繞組之導線面積增加時，其激磁電流　(1)升高　(2)降低　(3)不變　(4)不穩定。　　　　(3)

35.(　) 標準銅線的導電率約為　(1)60%　(2)80%　(3)100%　(4)120%。　　　　(3)

36.(　) 銅線銲接，其表面毛頭應予磨平，其主要原因是毛頭會　(1)刺人　(2)影響電流通過　(3)使磁通不均勻　(4)破壞絕緣。　　　　(4)

37.(　) 線圈引出線過短，易造成　(1)絕緣不良　(2)電阻增加　(3)電流增加　(4)接續困難。　　　　(4)

38.(　) 內外繞組之軸向安匝須分佈一致之目的為　(1)減少銅損　(2)降低阻抗電壓　(3)增加絕緣強度　(4)減少綜合電磁機械應力。　　　　(4)

39.(　) 線圈抽頭絕緣等級至少應比照與線圈　(1)同一級或以上　(2)可降 1 級　(3)可降 2 級　(4)可降 3 級。　　　　(1)

40.(　) 變壓器用鋁作導體，最大缺點是　(1)導電率差　(2)膨脹率大　(3)比重輕　(4)銲接困難。　　　　(4)

41.(　) 線圈引出線使用皺紋紙帶包紮時，一般採用　(1)1/6 重疊　(2)1/4 重疊　(3)1/2 重疊　(4)不重疊為佳。　　　　(3)

解析 為防範導體絕緣紙有局部針孔存在，絕緣紙至少需重疊兩張，皺紋紙帶至少需重疊 1/2 的方式纏繞，以減少孔隙出現。

42.(　) 三相內鐵型變壓器各相繞組的捲繞方向　(1)相同　(2)相反　(3)互成 60 度　(4)互成 120 度。　　　　(1)

解析 變壓器大都為減極性，而一次與二次線圈以同一方向繞製時即為減極性變壓器。

43.(　) 一次與二次線圈捲繞方向不同時，對何者有關？　(1)銅損　(2)鐵損　(3)極性　(4)激磁。　　　　(3)

44.(　) 由圓銅線壓製而成之平角銅線應經退火處理，其目的是　(1)使硬化　(2)使軟化　(3)提高導電率　(4)提高機械強度。　　　　(2)

解析 金屬熱處理過程可分為，退火軟化、焠火硬化和回火；

退火軟化：加熱後緩慢冷卻，使金屬變軟。

焠火硬化：加熱後急速冷卻，使金屬變硬。

回火：將經過淬火的工件重新加熱到低於下臨界溫度的適當溫度。

45.(　) 導體包紮用絕緣紙，厚度約為　(1)0.8 mm　(2)0.5 mm　(3)0.25 mm　(4)0.08 mm。　(4)

46.(　) 若變壓器一次側為 2000 匝，施加 10,000V 電壓，欲求二次側感應出 220V 電壓，　(2)
則二次側應為　(1)88 匝　(2)44 匝　(3)22 匝　(4)11 匝。

解析 $\dfrac{V_1}{V_2}=\dfrac{N_1}{N_2}=10000/220=2000/N_2$；$N_2=44$ 匝。

47.(　) 以皺紋紙包紮時，應將其長度拉長　(1)120%　(2)130%　(3)150%　(4)180%　最　(3)
為恰當。

48.(　) 變壓器半載時的銅損為滿載時的　(1)2 倍　(2)1 倍　(3)1/2 倍　(4)1/4 倍。　(4)

49.(　) H 級絕緣材料之最高容許使用溫度為　(1)105℃　(2)130℃　(3)150℃　(4)180℃。　(4)

50.(　) 變壓器的一次側電壓為 3300V，二次側電壓為 220V，二次側匝數為 22 匝則一次　(1)
側匝數為　(1)330 匝　(2)300 匝　(3)165 匝　(4)110 匝。

解析 $\dfrac{V_1}{V_2}=\dfrac{N_1}{N_2}$；$\dfrac{3300}{220}=\dfrac{N_1}{22}$；$N_1=330$。

51.(　) 使用 A 級絕緣材料繞製的線圈，其最高容許溫度為　(1)55℃　(2)65℃　(3)75℃　(4)
(4)105℃。

52.(　) 銅導體的密度為　(1)9.8 g/cm^3　(2)8.9 g/cm^3　(3)7.6 g/cm^3　(4)6.7 g/cm^3。　(2)

53.(　) 下列何者是不發生於線圈的損失　(1)導體渦流損　(2)漂游損　(3)磁滯損　(3)
(4)直流電阻損。

54.(　) 若分接頭引出線位置錯誤時，將導致　(1)銅損增加　(2)阻抗升高　(3)溫升不良　(4)
(4)匝比錯誤。

55.(　) 線圈層間若有絕緣不足時，則　(1)感應電壓試驗　(2)交流耐壓試驗　(3)極性試驗　(1)
(4)溫升試驗　會不合格。

解析 感應電壓試驗主要在試驗匝與匝間或層與層間及各相繞組間絕緣物的絕緣能力。

56.(　) 線圈銅線的角邊有尖銳毛頭產生時，易發生　(1)渦流損增加　(2)阻抗升高　(3)
(3)匝間短路　(4)激磁電流增加。

57.(　) 繞線時若導體轉位錯誤，將造成變壓器之　(1)鐵損增加　(2)銅損增加　(3)激磁電　(2)
流增加　(4)噪音增加。

58.(　) 線圈設置油道的主要目的是　(1)散熱用　(2)增加阻抗　(3)絕緣用　(4)轉位用。　(1)

解析 變壓器線圈設油道，使絕緣油在槽內易於流動，以增加散熱循環，達到降溫的效
果。

59.(　) 以多條導體捲繞時，須實施轉位，轉位次數以　(1)線圈層數　(2)匝數　(3)導體數　(3)
(4)線圈高度　為宜。

60.(　) 銅導線軋成原來之 2 倍長，截面積變成原來之 1/2 時，此導線之電阻變成原來之 (1)8 倍　(2)4 倍　(3)2 倍　(4)1 倍。 　(2)

解析 $R = \rho \dfrac{l}{A}$，$R_B = \rho \dfrac{l_B}{A_B} = \rho \dfrac{2l_A}{1/2 A_A} = 4R_A$。

61.(　) U 卷線之層間電位差是 N 卷線的　(1)1 倍　(2)2 倍　(3)3 倍　(4)等倍數。 　(2)

62.(　) 24kV 級以下線圈製作完成後，入外殼組裝前必須事前乾燥致使其線圈對地絕緣電阻達　(1)1000MΩ　(2)2000MΩ　(3)3000MΩ　(4)4000MΩ　以上。 　(1)

63.(　) 線圈中之導體其轉位均衡之目的　(1)增加結構強度　(2)導體分佈整齊　(3)降低雜散損失　(4)電壓值平衡。 　(3)

解析 轉位的目的在讓二平行線圈的總長度相等，可以讓線圈電阻平均分配，降低銅損與雜散損失。

64.(　) 片狀導體線圈比條狀導體線圈之　(1)導電率高　(2)短路機械強度高　(3)損失率高　(4)損失率低。 　(2)

解析 片狀導體散熱較快，機械強度較高。

65.(　) 線圈中使用凡立水絕緣紙，線圈經過乾燥後，凡立水熔化後產生變化，其主要功能　(1)絕緣能力提高　(2)絕緣能力降低　(3)增強線圈機械結構力　(4)增加耐候性。 　(3)

解析 凡立水，Varnish，主要成份是樹膠與松香等稀釋劑，用以防止鐵心生鏽和增加鐵心和線圈之機械結構。

66.(　) 變壓器高壓線圈之兩端加置靜電板其作用為　(1)減少鐵損　(2)減少激磁電流　(3)緩和電位分佈　(4)避免匝比錯誤。 　(3)

67.(　) 線圈捲繞時導體適度轉位，可使　(1)線圈電阻平均　(2)鐵損變小　(3)匝比正確　(4)絕緣電阻降低。 　(1)

68.(　) 線圈匝數捲繞錯誤時，可採用　(1)絕緣電阻測定器　(2)匝比測定器　(3)瓦特表　(4)電流表　測出數值。 　(2)

69.(　) 層間絕緣紙折邊或二側端部墊板其厚度係根據　(1)導線線徑與厚度　(2)導線長度與重量　(3)匝數與層數　(4)導線寬度來決定。 　(1)

70.(　) 單相外鐵型變壓器其線圈構造為 $L-H-L$ 主絕緣有　(1)1 處　(2)2 處　(3)3 處　(4)4 處。 　(2)

解析 線圈間主絕緣係指高、低壓(H-L)線圈兩處。

71.(　) 繞線作業中應隨時對產品進行自主檢查的是　(1)班長　(2)工作者　(3)品管員　(4)會計人員。 (2)

解析 線圈繞製作業中，工作者應隨時檢查，其餘的人員，僅能做抽檢，品管員僅能在線圈繞製完後，進行電路測試檢查。

72.(　) 繞線作業確保匝數正確與否之輔助工具是　(1)計數器　(2)瓦特表　(3)電壓表　(4)乏時計。 (1)

73.(　) 線圈捲繞匝數不正確，會影響變壓器之　(1)電壓比　(2)極性　(3)容量　(4)電流。 (1)

解析 $\dfrac{V_1}{V_2} = \dfrac{N_1}{N_2} = a$(匝數比) 故匝數比捲繞不正確，會影響到變壓器之電壓比。

74.(　) 銅箔、平角銅鍛、圓線其導體散熱面積的比較何者最大？　(1)圓線　(2)平角銅線　(3)銅箔　(4)無法比較。 (3)

75.(　) 變壓器繞組間設置油(氣)道其目的何在？　(1)美觀　(2)增加散熱循環　(3)降低鐵損　(4)增加絕緣電阻。 (2)

76.(　) 銀之導電率　(1)107％　(2)100％　(3)71.6％　(4)18％。 (1)

77.(　) 下列那兩者是減極性變壓器的繞法 (14)

(1)　　　　　　　　(2)

(3)　　　　　　　　(4)　。

78.(　) 有關變壓器 N 捲繞法有下列那兩種特性　(1)洩漏電抗高　(2)層間電壓低　(3)洩漏電抗低　(4)層間電壓高。 (23)

79.(　) 要減少變壓器自感電容的方法可　(1)增加一次側到二次側的絕緣厚度　(2)減少繞組寬度　(3)二線圈間加大電位差　(4)減少繞線層度。 (123)

80.(　) 螺旋狀結構的電感比傳統式電感優勢有　(1)繞線效率佳　(2)繞線電阻高　(3)單位體積儲存能量大　(4)功率損失小。 (134)

81.(　) 送電兩平行導體間作用力與那些因素成正比　(1)π　(2)流經導體電流　(3)兩導體距離　(4)相對導磁係數。 (24)

解析 $F = \dfrac{\mu l I_1 I_2}{2 \pi d}$ ，d 兩導體距離。

82.(　) 感應變壓器高壓側與低壓側之比較　(1)高壓側匝數多　(2)高壓側匝數少　(3)低壓側匝數多　(4)低壓側匝數少。　　(14)

83.(　) 有關變壓器高低壓線圈比較　(1)高壓側線圈較細　(2)高壓側線圈較粗　(3)低壓側線圈較細　(4)低壓側線圈較粗。　　(14)

解析　因變壓器一次側容量等於二次側容量，故高壓低電流，低壓高電流，所以高壓側線圈較粗，低壓側線圈較細。

84.(　) 變壓器線圈以同心繞配置者　(1)適用於內鐵式變壓器　(2)適用於外鐵式變壓器　(3)低壓側線圈靠近鐵心　(4)高壓側線圈靠近鐵心。　　(13)

85.(　) 變壓器線圈以交互繞配置者　(1)適用於內鐵式變壓器　(2)適用於外鐵式變壓器　(3)低壓側線圈靠近鐵軛　(4)高壓側線圈靠近鐵軛。　　(23)

86.(　) 線圈電感量 L　(1)與線圈匝數 N 成正比　(2)與線圈匝數 N 平方成正比　(3)與磁阻成反比　(4)與導磁係數成反比。　　(23)

解析　$L = \dfrac{\mu A N^2}{l}$，μ 為導磁係數，N 為線圈匝數，A 為磁路截面積，L 為磁路平均長度。

$R = \dfrac{l}{\mu_0 \mu_r A}$，磁阻與導磁係數成反比。

87.(　) 線圈絕緣材料最高容許溫度下列何者等級高於 $150℃$　(1)F　(2)H　(3)Y　(4)E。　　(12)

解析　絕緣材料最高容許溫度：F＝155℃；H＝180℃

88.(　) 有關 MOF 敘述，下列何者正確？　(1)PT 二次側線圈減繞 1%以校正輸出電壓　(2)CT 二次側線圈減繞 1%以校正輸出電流　(3)PT 二次側額定電壓為 110V　(4)CT 二次側額定電流為 5A。　　(234)

解析　MOF(Metering Outfit)，指電表用變壓變流器等；PT 為一次側線圈減繞 1%以校正輸出電壓。

89.(　) 乾式變壓器一，二次線圈絕緣結構包括哪三種　(1)高低壓線圈均為裸導體　(2)高壓線圈樹酯灌注，低壓紙包覆裹凡立水　(3)高低壓線圈均樹酯灌注　(4)高低壓線圈均用紙模成型包覆。　　(234)

90.(　) 變壓器線圈外型結構主要有圓形與矩形，就其特點下列敘述何者正確？　(1)矩形線圈機械強度優　(2)圓形線圈機械強度優　(3)矩形線圈使用於較低容量者　(4)圓形線圈使用於較高容量者。　　(234)

91.(　) 電學集膚效應指與線圈導體的哪些特點成正向關係　(1)截面積　(2)厚度　(3)通過電流　(4)低導電率材料。　　(123)

92.(　) 變壓器線圈電位梯度越高表示匝與層間之　(1)匝與層間電位分佈越高　(2)匝與層間耐絕緣能力要越高　(3)電位分佈匝低層高　(4)電位分佈匝高層低。　　(12)

93.(　) 線圈經凡立水浸漬主要目的為　(1)提高機械應力　(2)美觀　(3)提高效率　(4)固定成型。　　(14)

94.(　) 變壓器線圈較常使用導電材料為　(1)銀　(2)鋁　(3)銅　(4)金。　　(23)

95.(　) 變壓器繞組導體的轉位可分為　(1)圓筒線圈的轉位　(2)平板狀線圈的轉位　(3)螺狀線圈的轉位　(4)圓盤型線圈的轉位。　　(134)

96.(　) 關於捲鐵式變壓器的敘述下列何者正確？　(1)是一種外鐵式變壓器　(2)高導磁係數　(3)採用冷軋鋼帶捲疊而成　(4)較易絕緣。　　(23)

97.(　) 下列何者非 IEC 分類之 C 類絕緣材料？　(1)紙　(2)陶瓷　(3)玻璃　(4)壓板。　　(14)

98.(　) 依 IEEE 規定，下列材料之最高容許的溫度何者為非？　(1)A 類 105℃　(2)B 類 120℃　(3)C 類 140℃　(4)H 類 180℃。　　(23)

解析 絕緣材料容許溫度的等級為：Y＝90℃；A＝105℃；E＝120℃；B＝130℃；F＝155℃；H＝180℃；C＝180℃以上。

99.(　) 一、二次線圈捲繞方向不同時，與何者無關？　(1)銅損　(2)鐵損　(3)極性　(4)激磁。　　(124)

解析 一次與二次線圈以同一方向繞製為減極性變壓器，不同方向繞製為加極性變壓器，故一、二次線圈捲繞方向僅與極性相關。

100.(　) 鋁繞組變壓器的優點為　(1)佔積率佳　(2)耐短路強度佳　(3)電壓分佈均勻　(4)銲接容易。　　(123)

101.(　) 將 sin 波電壓加在變壓器初級線圈時，磁束出現三次諧波，主要是鐵心的何種現象，何者敘述為非？　(1)冷次現象　(2)靜磁力現象　(3)牛頓現象　(4)磁滯現象。　　(123)

102.(　) 變壓器絕緣材料考量主要特性不包括哪一種　(1)電氣強度　(2)介質損耗　(3)導磁係數　(4)導電係數。　　(34)

解析 「絕緣」材料故不考慮導磁係數、導電係數。

103.(　) 變壓器之圓板狀線圈分有哪二種　(1)普通圓板狀線圈　(2)靜電板　(3)矽鋼片　(4)高串聯容量線圈。　　(14)

104.(　) 繞組做銲接時，以不使銅線表面溶化為原則，銲接應有適合的攝氏溫度，下列何者之溫度有誤？　(1)400　(2)800　(3)1200　(4)1600。　　(134)

105.(　) 常用的繞組用導線，包含哪三種　(1)漆包線　(2)電纜線　(3)紙包鋁線　(4)紙包銅線。　　(134)

106.(　) PT/CT 由絕緣方式分類，包含哪三種　(1)紙包乾式　(2)模鑄式　(3)油入式　(4)濕式。　　(123)

五 心體裝配

01.(　) 變壓器線圈壓板，為求足夠機械強度以達到壓緊效果，通常使用　(1)閉口鋼環　(2)閉口銅環　(3)開口鋼環　(4)開口銅環。　(3)

02.(　) 皺紋紙主要是用來做　(1)包紮引線絕緣　(2)層間絕緣　(3)高低壓間絕緣　(4)相間絕緣。　(1)

03.(　) 捲鐵心變壓器鐵心組裝時，其鐵心間隙大小直接影響　(1)銅損值　(2)鐵損值　(3)阻抗值　(4)容量。　(2)

04.(　) 清除心體上殘留之銅粉，最好採用　(1)真空吸塵器吸出　(2)壓縮空氣吹出　(3)溶劑清除　(4)擦拭。　(1)

> **解析** 以真空吸塵器吸出，以避免破壞心體的絕緣。

05.(　) 線圈引出線至接續點之折彎半徑不要太小，以免引起　(1)電壓集中、絕緣破壞　(2)接觸不良　(3)斷線　(4)不美觀。　(1)

06.(　) 大電流之粗銅線接線，最好的接線方式是　(1)壓接　(2)扭接　(3)銀銲　(4)錫銲。　(3)

> **解析** 大電流之粗銅線之最好的方式為銲接，並以導電性最好的銀為銲劑。

07.(　) 心體裝設前線圈需追加間隔片其用意何者為非　(1)加強絕緣　(2)增加機械強度　(3)保持油道暢通　(4)去除水分。　(4)

08.(　) 變壓器內部組裝完畢後注油時，下列何者為正確作業　(1)先注油再抽真空　(2)注油不抽真空　(3)抽真空後注油　(4)抽真空後注油並同時抽真空。　(4)

> **解析** 抽真空須先將絕緣油過濾，然後將心體內部抽真空，再注油。注油的過程中，會造成心體內部會再形成非真空的狀態，所以在須在注油的同時，再將心體內部抽真空。

09.(　) 大型積鐵心變壓器之矽鋼片一般採用　(1)多片對接　(2)多片搭接　(3)單片對接　(4)單片搭接。　(2)

10.(　) 變壓器線圈與鐵心組裝時，線圈與鐵心空隙愈大時其　(1)鐵損　(2)噪音　(3)銅損　(4)溫升值　愈大。　(2)

> **解析** 鐵心疊繞後的間隙會影響到鐵損，而鐵心和線圈間的空間會因運轉時所產生的振動，發出噪音。

11.(　) 鐵心及夾件各金屬部分之接地採用　(1)電阻接地　(2)電抗接地　(3)直接接地　(4)電容接地。　(3)

12.(　) 變壓器注油前先抽真空主要目的為　(1)節省作業時間　(2)增加絕緣油絕緣品質　(3)去除變壓器雜物　(4)增加絕緣耐力。 (4)

解析 抽真空的目地主要是完全排除空氣中的水份，防止變壓器內部受到水份的入侵，而降低絕緣耐力。

13.(　) 三相外鐵型變壓器通常為　(1)3 腳式　(2)4 腳式　(3)5 腳式　(4)6 腳式　鐵心構造。 (3)

14.(　) 心體裝配時導線應　(1)使用絞接法連接　(2)使用纏接法連接　(3)使用壓接法連接　(4)盡量避免連接。 (4)

解析 導線連接處，會導致接觸電阻升高，電流通過後造成過熱，故應避免連接。

15.(　) 變壓器內之木製品煮油之目的為　(1)提高硬度　(2)增加韌性　(3)去除水分　(4)消除毛頭。 (3)

16.(　) 自冷乾式變壓器常用於　(1)低電壓小容量　(2)低電壓大容量　(3)高電壓小容量　(4)高電壓大容量　之變壓器。 (1)

17.(　) 同一材質之 A、B 兩根銅線，B 之截面積為 A 之 2 倍，長度為 4 倍，B 之電阻為 A 之　(1)1/2 倍　(2)2 倍　(3)4 倍　(4)8 倍。 (2)

解析 $R = \rho \dfrac{l}{A}$ ，$R_B = \rho \dfrac{l_B}{A_B} = \rho \dfrac{4l_A}{2A_A} = 2R_A$。

18.(　) 電壓比為 30：1 之變壓器，若一次側電壓為 7200V 時，則二次側電壓為　(1)110V　(2)120V　(3)220V　(4)240V。 (4)

解析 $I = \dfrac{V_1}{V_2}$ ；$30 = \dfrac{7200}{V_2}$ ；$V_2 = 240V$。

19.(　) 外鐵型變壓器其心體的線圈配置，一般採用　(1)低壓－高壓－低壓－高壓　(2)低壓－高壓－低壓　(3)高壓－低壓－高壓　(4)高壓－低壓－高壓－低壓　方式交互配置。 (2)

20.(　) 變壓器心體中之線圈支持物應以　(1)絕緣體　(2)半導體　(3)導電體　(4)導磁體　為材料。 (1)

21.(　) 24kV 級以下變壓器心體入桶前必須先經乾燥，且乾燥後停置空氣中不得超過　(1)4 小時以上　(2)8 小時以上　(3)16 小時以上　(4)32 小時以上。 (1)

22.(　) 線圈與鐵心組裝時，鐵心間之間隙大小影響　(1)銅損　(2)雜散損　(3)絕緣耐壓　(4)鐵損及噪音。 (4)

23.(　) 亭置式變壓器為確保供電安全採　(1)一般絕緣油　(2)高燃點絕緣油　(3)潤滑油　(4)柴油　做為絕緣與散熱循環。 (2)

解析 亭置式變壓器為地下變壓器的一種，主要置於路旁或是大樓地下室之台電受電室，將高壓轉成低壓。

24.(　) 三相 100kVA 之變壓器，一次電壓為 6kV，百分阻抗為 3%當二次側三相短路時，流經一次側之短路電流為　(1)30A　(2)50A　(3)320A　(4)550A。 (3)

解析　短路電流 $I_s = \dfrac{I_n}{Z\%}$ ；$I_n = \dfrac{100k}{\sqrt{3}\times 6k} = 9.6$ ；$I_s = \dfrac{9.6}{3\%} = 320A$。

25.(　) 下列哪些原件非置於變壓器桶內　(1)鐵心　(2)繞組　(3)氮氣膨脹室　(4)底座。 (34)

26.(　) 有關變壓器的分接頭特點何者正確？　(1)當二次側電壓低，需將匝數比調降　(2)常設於電壓高的一方　(3)常設電流大的一方　(4)控制匝數獲得相關電壓。 (124)

解析　變壓器分接頭常接於高壓端，變壓器一次側與二次側容量相同，故高壓低電流。

27.(　) 同容量 PT 與一般雙繞組變壓器比較　(1)鐵心較大　(2)鐵心導磁係數較低　(3)激磁電流較小　(4)價格較低。 (13)

28.(　) 在三相電路中採用一具三相變壓器較三具單相變壓器的優點為　(1)鐵心材料使用量較少　(2)鐵損較小　(3)備用變壓器費用較低　(4)更換或修理之工作省時。 (12)

29.(　) 變壓器線圈製作時其拉力管制不足時將會發生　(1)機械應力不足　(2)負載損增加　(3)運轉噪音變大　(4)無載損增加。 (123)

30.(　) 變壓器鐵心裝配束緊力作業不足時將會發生　(1)無載損增加　(2)運轉噪音變大　(3)銅損增加　(4)油溫昇降低。 (12)

解析　鐵心裝配束緊力不足，會造成鐵心之間隙太大，造成鐵損增加，噪音太大、溫度上升。

31.(　) 線圈引出線至接續點之折彎半徑不要太小，以免引起　(1)電荷集中　(2)絕緣破壞　(3)接觸不良　(4)斷線。 (12)

32.(　) 線圈與鐵心組裝時，鐵心間之間隙大小影響　(1)銅損　(2)噪音　(3)鐵損　(4)雜散損。 (23)

33.(　) 變壓器心體引線有哪幾種？　(1)高壓引線　(2)接地引線　(3)低壓引線　(4)雷擊引線。 (13)

34.(　) 那二個不屬於變壓器高壓套管的套件　(1)礙管　(2)腳架　(3)防潮板　(4)油封。 (24)

（六）　浸漬

01.(　) 凡立水浸漬後之線圈及鐵心可增加結構強度，但亦會影響其　(1)鐵損值　(2)銅損值　(3)阻抗值　(4)絕緣及散熱能力。 (4)

解析　凡立水，Varnish，主要成份是樹膠與松香等稀釋劑，用以防止鐵心生鏽和增加鐵心和線圈之機械結構。

02.(　) 正常情況下，浸油絕緣壓紙板，以一張 3.2 mm 單獨使用，與二張 1.6 mm 重疊使用相比較，其絕緣強度　(1)兩者相同　(2)3.2 mm 者較優　(3)二張 1.6 mm 重疊使用者較優　(4)高電壓時一張較優，大電流時二張重疊使用較優。　　(3)

03.(　) 爲使變壓器線圈充分浸漬，下列何者作業最有效用　(1)浸漬時同時抽眞空　(2)加長浸漬時間　(3)增加浸漬材料之黏度　(4)加高溫浸漬。　　(1)

解析 抽眞空，可以完全排除空氣中的水分。

04.(　) 凡立水處理乾燥後的線圈皮膜表面仍有黏性時，表示　(1)乾燥適當　(2)乾燥不充分　(3)乾燥過分　(4)與乾燥無關。　　(2)

解析 凡立水的使用方法爲控制粘度和比重，使凡立水進入線圈隙逢間，乾燥後會形成一層堅硬、透明的保護膜。

05.(　) 線圈含浸用凡立水的品質管理項目爲　(1)黏度及比重　(2)比重　(3)揮發性　(4)黏度。　　(1)

06.(　) 凡立水比重與黏度過高時，會造成　(1)凡立水不易變質　(2)浸漬速度快　(3)浸漬不完全，阻塞油道　(4)浸漬更完整，絕緣強度增加。　　(3)

07.(　) 凡立水管理一般除黏度外，還要測試　(1)比重　(2)耐壓　(3)附著力　(4)絕緣電阻。　　(1)

08.(　) 下列何者之環境管制可使凡立水不易變質　(1)室外高溫地點　(2)室內常溫通風　(3)低溫(5℃以下)　(4)室外開放式之儲存環境。　　(2)

09.(　) 加熱乾燥線圈用凡立水，其電阻係數爲　(1)$5×10^{12}$　(2)$5×10^{14}$　(3)$5×10^{16}$　(4)$5×10^{18}$　Ωcm 以上。　　(2)

10.(　) 乾式變壓器使用之凡立水，其絕緣耐力爲　(1)1.5kV/0.1mm　(2)2.5kV/0.1mm　(3)3.5kV/0.1mm　(4)4.5kV/0.1mm。　　(4)

11.(　) 心體浸漬重點在於　(1)絕緣紙浸漬面積　(2)鐵心的浸漬面積　(3)心體內部完全滲透　(4)心體浸漬厚度。　　(3)

12.(　) 浸漬之材質即是凡立水其材質特性重點訴求爲　(1)導電率　(2)滲透率　(3)流動率　(4)黏度。　　(4)

13.(　) 凡立水處理乾燥後線圈表面絕緣紙有劣化現象表示　(1)凡立水黏度高　(2)乾燥溫度過高　(3)乾燥時間太長　(4)凡立水黏度低。　　(2)

14.(　) 絕緣油之溫度上昇時，其性能會如何變化　(1)電阻係數減少，$\tan\delta$ 減少　(2)電阻係數減少，$\tan\delta$ 增加　(3)電阻係數不變，$\tan\delta$ 減少　(4)電阻係數增加，$\tan\delta$ 增加。　　(2)

15.(　) 絕緣油需具備　(1)引火點高　(2)凝固點高　(3)粘度高　(4)絕緣能力高。　　(14)

解析 絕緣油應具有：絕緣耐力大、引火點高、比熱高、凝固點低、比重輕、黏度低、冷卻作用良好、品質安定等特質。

16.(　) 絕緣漆的選擇應具有 (1)良好的介電性能 (2)較高的絕緣電阻和電氣強度 (3)使用環境相匹配的耐熱性能 (4)良好的絕熱性和防潮性能。 (123)

17.(　) 鐵心剪切後之斷面積處常用凡立水塗抹，其主要目的為 (1)防刮傷 (2)防鐵心生銹 (3)防鐵心短路 (4)美觀。 (23)

18.(　) 線圈含浸用凡立水的品質管理項目為 (1)黏度 (2)比重 (3)濕度 (4)揮發性。 (12)

解析 凡立水，Varnish，主要成份是樹膠與松香等稀釋劑，其使用方法為控制粘度和比重，使凡立水進入線圈隙逢間，乾燥後會形成一層堅硬、透明的保護膜。

19.(　) 變壓器絕緣物主要劣化原因包含哪三種 (1)無載 (2)熱引起 (3)吸溼引起 (4)部分放電引起。 (234)

20.(　) 正向序平衡三相電源，變壓器 Y－△ 連接，Y 側線電壓角度與△側線電壓角度的關係何敘述有誤？ (1)落後 30 度 (2)角度相同 (3)領先 30 度 (4)落後 45 度。 (124)

解析 Y 接線電壓超前相電壓 $30^\circ C$；△接線電壓角度等於相電壓角度。

七 心體烘乾及調整

01.(　) 真空烘乾最主要之優點是 (1)速度快 (2)安全度高 (3)溫度可以降低 (4)溫度可以提高。 (1)

02.(　) 心體烘乾之溫度，A 類材料一般在 (1)$80^\circ C$左右 (2)$100^\circ C$左右 (3)$150^\circ C$左右 (4)$180^\circ C$左右。 (2)

解析 A 類絕緣材料之最高容許溫度為 $105^\circ C$。

03.(　) 欲獲知絕緣材料的乾燥度，可測定絕緣物的 (1)比重 (2)絕緣電阻 (3)溫度 (4)抗張力。 (2)

04.(　) 為使真空乾燥爐能順暢，應 (1)不用保養 (2)爐內需放油 (3)爐內要有木屑 (4)保持乾淨及用電安全。 (4)

05.(　) 用介質正切(電力因數)表示變壓器心體乾燥程度時，以 (1)Ω (2)MΩ (3)％ (4)mm 表示。 (3)

06.(　) 變壓器心體經烘乾後，當溫度高時，其絕緣電阻值 (1)高 (2)不一定 (3)低 (4)同常溫。 (3)

解析 溫度每升高 $10^\circ C$，絕緣電阻下降為原的 1/2。

07.(　) 真空乾燥時之傳熱，主要靠 (1)傳導 (2)對流 (3)傳導與對流 (4)輻射。 (4)

08.(　) 電力變壓器心體經真空烘乾後應 (1)調整線圈尺寸及固定 (2)插軛鐵 (3)立刻裝殼 (4)引線壓接。 (1)

09.(　) 變壓器製造時最忌水分，因水分能 (1)使矽鋼片生鏽 (2)使銅線生鏽 (3)使絕緣劣化 (4)降低傳熱效果。 (3)

10.(　) 69kV 變壓器心體裝桶後，其真空時間應保持　(1)4 小時　(2)6 小時　(3)8 小時　(4)10 小時　後才注油。　**(2)**

11.(　) 一般絕緣電阻測試後，需換算到　(1)75℃　(2)50℃　(3)20℃　(4)100℃。　**(3)**

12.(　) 一般乾燥方式以何種最佳且安全　(1)熱風乾燥法　(2)電氣乾燥法　(3)自然風乾法　(4)真空乾燥法。　**(4)**

解析 真空中可以完全去除水份，等完全去除水份後，再行注油，以免影響到絕緣強度。

13.(　) 變壓器心體內之墊木乾燥處理之目的為　(1)除去水分　(2)增加表面光滑　(3)增加韌性　(4)提高機械強度。　**(1)**

14.(　) 電力變壓器心體經烘乾後至裝桶時間，應保持在　(1)半小時　(2)1 小時　(3)2 小時　(4)3 小時　內完成。　**(2)**

解析 變壓器心體在烘乾後，若停留在空氣中太久，會因過份吸濕，而影響變壓器的絕緣電阻。

15.(　) 用手搖高阻計測定變壓器絕緣電阻，該高阻計每分鐘轉速應不低於　(1)120 轉　(2)150 轉　(3)180 轉　(4)360 轉。　**(1)**

16.(　) 變壓器之軟木合成橡膠使用　(1)5　(2)10　(3)15　(4)20　年後須更換。　**(2)**

17.(　) 測定心體是否乾燥完成，應使用　(1)耐壓計　(2)耐流計　(3)溫度計　(4)高阻計。　**(4)**

解析 心體在烘乾過程中，絕緣電阻會隨著濕度的降低而提高；心體在烘乾後，絕緣電阻會隨著溫度的升高而降低，所以應隨時使用高阻計，以確保絕緣電阻達到 1000MΩ 以上。

18.(　) 充分乾燥後的新變壓器心體，其絕緣電阻約可達　(1)1MΩ　(2)10MΩ　(3)100MΩ　(4)1000MΩ　以上。　**(4)**

19.(　) 心體烘乾過程中，宜定時量測　(1)絕緣電阻　(2)激磁電流　(3)鐵損　(4)銅損。　**(1)**

20.(　) 油浸變壓器的心體乾燥溫度約為　(1)50℃　(2)75℃　(3)100℃　(4)125℃　為佳。　**(3)**

21.(　) 心體烘乾最主要目的為　(1)固定形狀　(2)去除絕緣材料吸濕之水分　(3)易於調整作業　(4)去除粉塵。　**(2)**

22.(　) 心體烘乾後鐵心疊積表面會略微生鏽是　(1)凡立水　(2)絕緣油　(3)矽利康　(4)水分　所引起。　**(4)**

23.(　) 連續圓板繞線之線圈為有效取得所需之高度，可於烘乾作業中將線圈配合下列何種方式實施較適宜　(1)四周採螺桿平均鎖緊　(2)鐵槌敲擊　(3)油壓機成型　(4)自然收縮。　**(1)**

24.(　) 變壓器心體內之墊木必要時製有凹槽，其目的為　(1)美觀　(2)降低鐵損　(3)降低激磁電流　(4)增進散熱循環。　**(4)**

25.(　　) 變壓器心體乾燥完成後應注意那些事項　(1)乾燥後之裝殼時間應管控　(2)乾燥完畢絕緣電阻通常在 2000MΩ 以上　(3)浸入絕緣油後，絕緣電阻維持不變　(4)乾燥完畢，各部分螺絲易鬆弛。 (124)

26.(　　) 有關真空乾燥法的敘述，下列哪些是正確的？　(1)高電壓大容量變壓器最理想之乾燥方法　(2)低電壓小容量變壓器最理想之乾燥方法　(3)需利用到密封乾燥爐　(4)在真空狀態下水的沸點較高。 (13)

27.(　　) 銅損乾燥法優點為　(1)測量線圈溫度方便　(2)需要電源容量小　(3)裝置簡單，不需要附加保溫材料和磁化線圈　(4)熱量從絕緣內部發生，絕緣溫升較快。 (34)

28.(　　) 零序電流乾燥法優點為　(1)消耗電能較小　(2)熱量由芯部產生，絕緣溫升較快　(3)芯部溫度好控制，不易產生局部 過熱現象　(4)產生零序磁通與變壓器結構和結線無關，所有變壓器都能採用。 (12)

29.(　　) 心體烘乾不足時將會發生　(1)對地絕緣電阻過高　(2)耐電壓低　(3)油中含水量高　(4)油中易分解出 H_2。 (234)

30.(　　) 心體烘乾後必須做哪些調整與測試　(1)溫度測試　(2)鎖緊扭力調整　(3)絕緣間空隙調整　(4)對地絕緣電阻測試。 (234)

31.(　　) 判斷變壓器絕劣化的試驗有　(1)絕緣電阻試驗　(2)極性試驗　(3)$\tan\delta$ 試驗　(4)絕緣耐壓試驗。 (134)

32.(　　) 為使真空乾燥爐能順暢，應　(1)爐內要有木屑　(2)保持乾淨　(3)爐內需放油　(4)注意用電安全。 (24)

33.(　　) 油浸式變壓器，浸漬後，最初烘乾之最高攝氏溫度，何者敘述有誤？　(1)50　(2)60　(3)70　(4)80。 (234)

34.(　　) 油浸式變壓器，浸漬後，烘乾溫度每小時適宜升溫攝氏何者敘述有誤？　(1)5~10　(2)20~30　(3)40~50　(4)60~70。 (134)

（八）裝殼

01.(　　) 鐵鎚之規格是以　(1)長度　(2)重量　(3)直徑　(4)材質　來分辨。 (2)

02.(　　) 變壓器中注入絕緣油之目的為　(1)冷卻及絕緣　(2)減少損失　(3)減少激磁　(4)減少漏磁。 (1)

03.(　　) 變壓器用絕緣油需具有　(1)高比熱　(2)低比熱　(3)低熱傳導率　(4)低耐熱性。 (1)

解析 絕緣油應具有：絕緣耐力大、引火點高、比熱高、凝固點低、比重輕、黏度低、冷卻作用良好、品質安定等特質。

04.(　　) 變壓器用的襯墊材料，通常為　(1)天然橡膠　(2)塑膠　(3)合成橡膠　(4)壓紙板。 (3)

05.( ) 為防止絕緣油劣化可在變壓器油槽內充滿 (1)NH_4 (2)O_2 (3)N_2 (4)CO_2。 (3)

解析 變壓器常加裝油槽內，填充氮氣(N_2)，來隔絕空氣中的水氣，以防止變壓器呼吸作用，造成水氣進入，造成緣油的劣化。

06.( ) 電鑽夾頭上標示 13 mm，係表示 (1)鑽頭長度 (2)鑽頭牙距 (3)最大夾持直徑 (4)夾頭外徑。 (3)

07.( ) 變壓器油是一種經提煉之 (1)植物油 (2)食用油 (3)潤滑油 (4)礦物油。 (4)

08.( ) 變壓器注油以何種方式最佳? (1)完全大氣注油 (2)先大氣注油後，油面上空間再抽真空 (3)真空注油 (4)加溫注油。 (3)

解析 抽真空，可以完全排除空氣中的水分。

09.( ) 單相變壓器之高壓套管最少應有 (1)1 支 (2)2 支 (3)3 支 (4)4 支。 (1)

10.( ) (A)500kVA (2)1000kVA (3)1500kVA (4)2000kVA 以上的變壓器需設四個起動裝架(又稱千斤頂座)。 (2)

11.( ) 目前變壓器外殼都以 (1)銅板 (2)鐵板 (3)鋼板 (4)鑄鐵 為材料。 (3)

12.( ) 桿上變壓器外殼之防銹處理漆，應採用能經過 5%食鹽溶液浸潤 (1)24 (2)48 (3)72 (4)96 小時而不變化之合成樹脂系瓷漆。 (3)

13.( ) 變壓器之心體，諸如繞組、接續線等和外殼間至少須保持 (1)5 公厘之距離 (2)10 公厘之距離 (3)15 公厘之距離 (4)設計值之距離。 (4)

14.( ) 中華民國國家標準(CNS)規定，超過 1000kVA 的密封型變壓器，其放壓裝置的動作壓力為 (1)+0.6 kg/cm^2 (2)+1.0 kg/cm^2 (3)+0.6 kg/mm^2 (4)+0.1 kg/mm^2。 (1)

15.( ) 絕緣油為油浸變壓器主要構成材料，它兼有 (1)減震和保溫 (2)絕緣和冷卻 (3)絕緣和保溫 (4)絕緣和減震 之功能。 (2)

16.( ) 變壓器用之襯墊(Packing)主要的目的是 (1)絕緣用 (2)接續用 (3)防止漏油、漏氣用 (4)防鏽用。 (3)

17.( ) 變壓器氮封的主要目的是 (1)減少電力損失 (2)防止漏油 (3)防止心體振動 (4)防止絕緣油劣化。 (4)

18.( ) 變壓器絕緣油應具備 (1)引火點和凝固點皆低 (2)引火點和凝固點皆高 (3)引火點低、凝固點高 (4)引火點高、凝固點低 之特性。 (4)

解析 引火點高，才不容易燃燒。

19.( ) 變壓器的絕緣套管應具備 (1)接續性高、絕緣性低 (2)接觸性能低、絕緣性高 (3)接續與絕緣性皆低 (4)接續與絕緣性皆高 之特性。 (4)

20.( ) 變壓器設置分接頭切換裝置之目的是 (1)穩定輸入電壓 (2)穩定輸出電壓 (3)穩定輸入電流 (4)穩定輸出電流。 (2)

21.( ) 下述變壓器之冷卻方式，何者需採用強制循環方式　(1)油浸水冷式　(2)乾式充氣式　(3)油浸風冷式　(4)乾式自冷式。　　(1)

解析　油浸水冷式：利用水的循環，使絕緣油加速冷卻。

22.( ) 目前 100kVA 以下變壓器最普遍採用的冷卻方式為　(1)乾式自冷式　(2)油浸自冷式　(3)乾式風冷式　(4)油浸風冷式。　　(2)

解析　油浸自冷式：常用於低電壓小容量，其冷卻方式是將變壓器表面設計成波浪狀，讓散熱面積增加，靠自然通風將熱的絕緣油冷卻。

23.( ) 100MVA 以上高壓大容量變壓器最常採用的冷卻方式為　(1)送油風冷式　(2)送油水冷式　(3)油浸水冷式　(4)油浸自冷式。　　(1)

24.( ) 變壓器由於溫度的變化，而使絕緣油的體積發生熱脹冷縮的變化，造成水氣和氧氣進出外箱，這種現象稱為　(1)光合作用　(2)呼吸作用　(3)吸濕作用　(4)伸縮作用。　　(2)

25.( ) 變壓器加裝儲油槽之目的為　(1)填充桶內油量之不足　(2)使空氣與外箱內之絕緣油隔離　(3)防止變壓器油外漏　(4)增加絕緣強度。　　(2)

26.( ) 固定絕緣套管應使用　(1)開口扳手　(2)活動扳手　(3)梅花扳手　(4)扭力扳手　為宜。　　(4)

解析　扭力扳手可設定扭力的大小，避免絕緣套管在固定時，因施力不當造成損壞。

27.( ) 分接頭之螺絲宜採用　(1)銅質　(2)鋁質　(3)鐵質　(4)鋼質　材料為宜。　　(1)

解析　變壓器之連接材料大多使用銅質材料。

28.( ) 變壓器銘牌所標示的額定容量是指　(1)二次側　(2)一次側　(3)二次側減一次側　(4)二次側加一次側　的視在功率的限度。　　(1)

29.( ) 變壓器套管螺絲與線圈導線連結宜採用　(1)Y 型　(2)T 型　(3)C 型　(4)O 型　端子。　　(4)

30.( ) 單套管變壓器裝殼完畢後其一次線圈與外殼之絕緣電阻為　(1)100MΩ 以上　(2)10MΩ 以上　(3)1MΩ 以上　(4)0MΩ　始為正確。　　(4)

解析　單相變壓器之裝殼作業，應由高壓礙子接至線圈，再連到外殼，故其絕緣電阻應為 0MΩ。

31.( ) 配電用變壓器之二次側電壓值比名牌標示低時，分接頭切換器應　(1)往最高電壓 Tap 調　(2)往額定電壓 Tap 調　(3)往低電壓 Tap 調　(4)往次高壓 Tap 調。　　(3)

解析　$\dfrac{V_1'}{V_2'} = \dfrac{N_1}{N_2}$，$V_1 N_2 = V_2 N_1$，欲提高 V_2 的值，需要將一次側的分接頭的匝數比減少。

32.( ) 油密性良好之外殼其壓力值隨著周溫成 (1)平方反比 (2)反比 (3)等比 (4)正比 關係。 **(4)**

33.( ) 正確真空注油作業步驟為 (1)濾油→注油→真空 (2)濾油→抽真空→真空注油 (3)真空注油→抽真空→濾油 (4)抽真空→濾油→真空注油。 **(2)**

34.( ) 漏油試驗時間至少 (1)2 小時以上 (2)4 小時以上 (3)8 小時以上 (4)12 小時以上 為佳。 **(3)**

35.( ) 配電變壓器注油後做油密試驗時加壓值約為 (1)0.15～0.25 kg/cm² (2)0.25～0.3 kg/cm² (3)0.3～0.35 kg/cm² (4)0.35～0.4 kg/cm² 為最適當。 **(1)**

36.( ) 裝殼用之防潮板應具有 (1)耐油 (2)耐熱 (3)耐水 (4)耐油耐熱以及耐候 之特性。 **(4)**

37.( ) 若非指定，一般分接頭切換器應放置在 (1)最高電壓 (2)次高電壓 (3)額定電壓 (4)最低電壓 之位置。 **(3)**

38.( ) 配電用變壓器抽真空值為 (1)3～5 Torr (2)5～7 Torr (3)7～10 Torr (4)10～12 Torr 為最適當。 **(2)**

39.( ) 變壓器裝外蓋時螺絲應 (1)單邊鎖緊 (2)對角互相鎖緊 (3)順時針方向鎖緊 (4)反時針方向鎖緊。 **(2)**

40.( ) 注油真空泵之操作順序為 (1)Root 先，Rotary 後 (2)Rotary 先，Root 後 (3)可只按 Root，不按 Rotary (4)可只按 Rotary，不按 Root。 **(1)**

41.( ) 一般螺絲與不鏽鋼螺絲之扭力值依其 (1)形狀 (2)長短 (3)牙距 (4)大小 而有所不同之規定。 **(4)**

42.( ) 一般鐵板外殼與不鏽鋼外殼，除耐候功能相異外，其 (1)散熱性 (2)排油性 (3)抗油性 (4)密閉性 亦顯著不同。 **(1)**

43.( ) 單相桿上變壓器其冷卻方式採用 (1)自冷 (2)風冷 (3)送油自冷 (4)送油風冷。 **(1)**

44.( ) 下列何者為因油熱脹冷縮而發生之空氣進出變壓器時所需之通路，並濾除空氣中水分 (1)釋壓閥 (2)分接頭切換器 (3)油面計 (4)呼吸器。 **(4)**

45.( ) 變壓器冷卻方式分類與代碼 AN 表 (1)強迫風冷 (2)送油自冷 (3)送油風冷 (4)自冷。 **(4)**

解析 自冷，為自然空氣冷的簡稱(AN)；強迫風冷(AF)；送油自冷(OFAN)；送油風冷(OFAF)；送油水冷(OFWF)；油浸自冷(ONAN)；油浸風冷(ONAF)；油浸水冷(ONWF)。

46.( ) 油浸式變壓器外殼完成後應做何種試驗，防止外殼產生洩漏現象 (1)無載試驗 (2)氣密 (3)部分放電 (4)電力因數。 **(2)**

47.( ) 單相桿上變壓器欲取得 240V 電壓，其二次側引線端子符號應採 (1)X1－X2 (2)X1－X3 (3)X2－X3 (4)H1－X1。 **(2)**

48.(　) 比流器(CT)之二次側開放時會發生何種現象　(1)一次電流過大　(2)二次電壓下降　(3)誤差大　(4)過熱燒損。 　(4)

解析　若 CT 二次側開路，則 I_1 將全部變壓激磁電流，將造成鐵心過度飽和，鐵損大增，進而使鐵心過熱燒損。

49.(　) 每具單相亭置式變壓器之高壓套管井應有　(1)1 只　(2)2 只　(3)3 只　(4)4 只。 　(2)

50.(　) 一般雙電壓切換器欲選擇較高電壓者，其內部二組線圈為　(1)並聯　(2)串聯　(3)V 型　(4)△型　結線。 　(2)

解析　串聯可得較高的電壓，並聯可以較高的電流。

51.(　) 充油套管的使用與特色那些是正確的　(1)常用於 33kV-161kV 的變壓器　(2)導體和瓷管間注入絕緣油　(3)常用於 33kV 以下的變壓器　(4)電容電極是重要原件之一。 　(12)

52.(　) 下列那些是裝有呼吸器的變壓器可能的元件　(1)吸濕呼吸器　(2)氧氣　(3)儲油槽　(4)風扇。 　(134)

53.(　) 在變壓器外需加一短路銅環，在實務上應如何設計　(1)用 0.64 mm 厚銅箔片即可　(2)銅環寬度為繞線度的 2 倍　(3)銅環寬度為繞線度的 $\frac{1}{2}$ 倍　(4)放置在繞線寬度的中央部位。 　(134)

54.(　) 下列哪些變壓器非自然循環冷卻方式　(1)送油風冷式　(2)油浸自冷式　(3)油浸強迫風冷式　(4)油浸強迫水冷式。 　(134)

解析　自冷：自然循環冷卻。

55.(　) 變壓器套管中絕緣等級較高的兩種套管為　(1)純瓷套管　(2)充油套管　(3)電容套管　(4)銅板套管。 　(23)

56.(　) 變壓器呼吸器(吸濕器或吸潮器)其內部裝有乾燥劑常內含　(1)矽膠　(2)氯化鈣　(3)氯化鈷　(4)氯化鈉。 　(123)

57.(　) 電力變壓器油箱上裝有　(1)防爆筒(壓力釋放器)　(2)可燃性氣體繼電器　(3)一次側繞組　(4)溫度計。 　(124)

58.(　) 變壓器外殼需具備　(1)保護繞組　(2)保護鐵心　(3)方便安裝固定　(4)絕熱。 　(123)

59.(　) 變壓器心體裝殼前應注意哪些事項　(1)心體絕緣測試　(2)心體測漏試驗　(3)殼內異物清除　(4)殘留在心體異物清除。 　(134)

60.(　) 完成心體組裝後應注意哪些事項　(1)固定點檢查　(2)鐵心與夾件接地檢查　(3)殘留電荷釋放　(4)即刻裝殼注油作業。 　(123)

61.(　) 目前變壓器使用之絕緣油提煉來自於　(1)動物性　(2)化學溶劑　(3)礦物性　(4)植物性。 　(34)

62.(　) 防止絕緣油劣化可適度加入　(1)氮氣　(2)抗氧化抑制劑　(3)乾燥空氣　(4)碳氣。 　(123)

63.(　) 防止油氧化的方法可使用　(1)冷卻水　(2)儲油箱　(3)氮密封　(4)氧化劑。 　(23)

64.(　　) 裝殼用之防潮板應具有何特性？　(1)耐油　(2)耐水　(3)耐候　(4)耐看。　　(123)

65.(　　) 正確真空注油步驟包括　(1)降溫　(2)濾油　(3)抽真空　(4)真空注油。　　(234)

66.(　　) 變壓器的絕緣套管應具備　(1)接續性高　(2)絕緣性高　(3)接續性低　(4)接觸性　(12)
能低。

67.(　　) 變壓器噪音的主要那幾種 Hz 為基音的低週波成分　(1)60　(2)100　(3)120　(23)
(4)360。

68.(　　) 變壓器製造過程中，乾燥的主要使用方法有哪幾種　(1)熱風乾燥法　(2)真空乾燥　(124)
法　(3)自然乾燥法　(4)氣相乾燥法。

69.(　　) 變壓器絕緣油防止劣化方法中，不包括哪二種　(1)吸著劑式　(2)密封式　(3)通風　(34)
式　(4)自然式。

70.(　　) 變壓器絕緣油主要特性不包括哪二種　(1)絕緣耐力高　(2)黏度高　(3)引火點高　(24)
(4)凝固點低。

解析 絕緣油應具有：絕緣耐力大、引火點高、比熱高、凝固點低、比重輕、黏度低、
冷卻作用良好、品質安定等特質。

（九）檢驗

變壓器在製作完成後，出廠前，必須做各種試驗，其項目包括：一、線圈電阻測定；二、匝數比測定；
三、極性試驗；四、開路試驗(無負載試驗)；五、短路試驗；六、溫升試驗；七、絕緣電阻測試；八、絕緣
耐壓試驗，又稱之耐壓試驗；九、感應電壓試驗；十、衝擊電壓試驗

01.(　　) 為證實變壓器繞組各層間及各匝間的絕緣是否合乎規定，應以何種試驗行之　(1)
(1)感應耐壓試驗　(2)交流耐壓試驗　(3)變壓比試驗　(4)絕緣電阻測定試驗。

02.(　　) 變壓器之短路試驗可以測出　(1)銅損　(2)鐵損　(3)渦流損　(4)磁滯損。　　(1)

解析 短路試驗可求得銅損、等值電阻、等值電抗、等值阻抗。

03.(　　) 用電壓表，電流表測負載時　(1)二者皆並聯　(2)二者皆串聯　(3)電壓表並聯，電　(3)
流表串聯　(4)電壓表串聯，電流表並聯。

04.(　　) 12kV 級線圈在感應電壓試驗時，線圈兩端電壓為　(1)12kV　(2)24kV　(3)36kV　(2)
(4)48kV。

解析 感應電壓試驗是讓試驗繞組感應出兩倍的額定電壓，試驗時間也不能短於 15 秒。

05.(　　) 測試變壓器之阻抗電壓，應施行　(1)功率因數試驗　(2)耐壓試驗　(3)開路試驗　(4)
(4)短路試驗。

06.(　　) 三用電表測　(1)交流電壓　(2)直流電壓　(3)直流電流　(4)電阻　時，須做歸零調　(4)
整。

解析 三用電表可用來測量：直流電壓、直流電流和電阻。

07.( )桿上變壓器之二次側(240/120V)之耐電壓試驗電壓為 (1)600V (2)1000V (3)2000V (4)10000V。 **(4)**

> **解析** 桿上變壓器二次測 240/120V，則一次側電壓為 6,900V，根據 3NS598 規定，額定電壓 1200V 以下，交流試驗電壓為 10000V

08.( )下列何種儀表較適合用於測量變壓器線圈電阻 (1)高阻計 (2)接地電阻計 (3)雙比電橋(Kel-Vin Bridge) (4)電流表。 **(3)**

> **解析** 超低範圍的精確量測(10 $\mu\Omega \sim 1\Omega$)，用雙比(凱文)電橋。

09.( )60Hz 變壓器感應電壓試驗之頻率為 400Hz，其加電壓時間為 (1)15 秒 (2)18 秒 (3)24 秒 (4)30 秒。 **(2)**

> **解析** 感應電壓試驗時間 $=120 \times \dfrac{\text{額定頻率}}{\text{試驗頻率}}(\text{秒}) = 120 \times \dfrac{60}{400} = 18(\text{秒})$。

10.( )變壓器之 (1)所有分接頭 (2)標準分接頭 (3)端部接頭 (4)一部分接頭 要做匝比試驗。 **(1)**

11.( )絕緣油測定用溫度計的感溫部要設在 (1)最高油溫處 (2)平均油溫處 (3)最低油溫處 (4)常溫位置。 **(1)**

12.( )中華民國國家標準(CNS)規定，油浸自冷式變壓器的繞組溫升不得超過 (1)45℃ (2)55℃ (3)65℃ (4)75℃。 **(3)**

> **解析** 油浸自冷變壓器的繞組溫升＝A 類絕緣材料之溫升限制(105℃)－周圍溫升(40℃)＝65℃。

13.( )絕緣材料之介質正切(電力因數)通常以 (1)0℃ (2)20℃ (3)25℃ (4)100℃ 為基準。 **(2)**

> **解析** 介質電力因數試驗器，主要在測量絕緣的介質損失及電流後，計算介質電力因數，可測定用電設備的絕緣性能。

14.( )一端接地的單套管變壓器，高壓側不需做 (1)匝比試驗 (2)耐電壓試驗 (3)感應電壓試驗 (4)衝擊電壓試驗。 **(2)**

15.( )匝比試驗可用 (1)P.T.C.法 (2)電壓表法或比較法 (3)目測法 (4)電阻法 進行試驗。 **(2)**

16.( )若開路試驗中 I_o 為激磁電流，I_e 為鐵損電流，則其磁化電流 I_m 等於 (1)$I_o - I_e$ (2)$I_o{}^2 - I_e{}^2$ (3)$I_o + I_e$ (4)$\sqrt{I_o - I_e}$。 **(1)**

17.( )變壓器所用之絕緣油，其絕緣強度如依據我國國家標準之規定，在 2.5 mm 球間隙下應能耐交流電壓 (1)60kV (2)50kV (3)30kV (4)20kV 以上。 **(3)**

18.( ) 變壓器的無負載試驗,可以測得　(1)銅損　(2)絕緣電阻　(3)阻抗電壓　(4)激磁電流與鐵損。　(4)

解析 無負載試驗即開路試驗,開路試驗可求得鐵損、無載功率因數、激磁電導、激磁電納、激磁導納、鐵損電流和磁化電流。

19.( ) 欲判斷線圈對地間的絕緣是否良好,可利用　(1)耐壓試驗　(2)開路試驗　(3)短路試驗　(4)感應電壓試驗　進行測試。　(1)

20.( ) 中國國家標準(CNS)規定,變壓器匝比的許可差為　(1)±1/100　(2)±1/200　(3)±1/20　(4)±1/10。　(2)

21.( ) 500kVA 以下 12kV 級套管,應承受耐電壓試驗一分鐘之電壓為　(1)12kV　(2)25kV　(3)35kV　(4)55kV。　(3)

解析 根據 CNS598,22-1 條規定。

22.( ) 測定桿上變壓器的絕緣電阻,常使用　(1)100V　(2)250V　(3)1000V　(4)5000V　的高阻計。　(3)

23.( ) 若滿載電壓為 V_2,無載電壓為 V_1,則其電壓調整率等於　(1)$(V_1-V_2)/V_2$　(2)$(V_1-V_2)/V_1$　(3)$(V_1+V_2)/V_2$　(4)$(V_1+V_2)/V_1$　×100%。　(1)

24.( ) 下列諸試驗何種屬於破壞性試驗　(1)絕緣電阻測定　(2)溫升試驗　(3)衝擊耐電壓試驗　(4)匝比測定。　(3)

解析 衝擊電壓試驗衝擊電壓試驗,係將 5～8 倍的額定電壓加於變壓器的繞組上,測驗時間為 1ms。

25.( ) BIL 值是　(1)球間隙耐壓強度　(2)絕緣等級　(3)品質水準　(4)基準衝擊絕緣強度。　(4)

26.( ) 100kVA 變壓器效率 98%,其全損不得超過　(1)2040W　(2)2580W　(3)3040W　(4)3580W。　(1)

解析 效率 $\eta\% = \dfrac{\text{輸出}}{\text{輸出}+\text{損失}}$; $98\% = \dfrac{100\text{k}}{100\text{k}+\text{損失}}$; 損失＝2040W。

27.( ) 判別變壓器之容量是否足夠,必須　(1)稱重量　(2)量體重　(3)做溫升試驗　(4)測試變壓器之損失。　(3)

解析 溫升試驗的目的是在正常額定負載下,檢查變壓器的油,線圈或其他部份的溫升是否超過各級絕緣材料所規定的安全限度。

28.( ) 變壓器開路試驗之目的為測定　(1)銅損及匝數比　(2)阻抗電壓　(3)等值電阻　(4)鐵損及激磁電流。　(4)

29.( ) 變壓器之損失主要包括　(1)鐵損、銅損、鉛損　(2)鐵損、銅損、雜散損　(3)鐵損、銅損、鋼損　(4)鐵損、銅損、油損。　(2)

30.( ) 自冷式變壓器作噪音量測時，距離被測物表面幾公分為量測點　(1)0　(2)10　(3)20　(4)30。　　(4)

31.( ) 施行絕緣耐壓試驗前，變壓器宜先測試　(1)絕緣電阻　(2)銅損　(3)激磁電流　(4)阻抗電壓　以確認變壓器是否適宜做耐壓試驗。　　(1)

> **解析** 依電工法規第 21 條之規定，變壓器之絕緣耐壓試驗為變壓器各繞組間，與鐵心及外殼，應耐 1.5 倍最大使用電壓之試驗電壓 10 分鐘。此試驗是保證繞組與繞組間或繞組與大地間的絕緣強度而實驗。

32.( ) 感應電壓試驗，其試驗時間不得短於　(1)8 秒　(2)10 秒　(3)12 秒　(4)15 秒。　　(4)

> **解析** 感應電壓試驗是讓試驗繞組感應出兩倍的額定電壓，故變壓器鐵心會有兩倍於正常運轉時之磁通通過，所以須將試驗用頻率提高到額定頻率的兩倍以上，避免鐵心飽和，而其試驗時間也不能短於 15 秒。

33.( ) 比流器之二次側不接安培表時，應　(1)開路　(2)接電容器　(3)接伏特表　(4)短路。　　(4)

34.( ) 依中國國家標準(CNS)規定，變壓器銅損特性之計算，係以　(1)65℃　(2)75℃　(3)85℃　(4)105℃　為基準。　　(2)

35.( ) 依中國國家標準(CNS)規定，噪音之許可差為　(1)3dB　(2)2dB　(3)1dB　(4)無許可差。　　(1)

36.( ) 噪音測定時，在基準面之垂直線上的基準點，應離開基準面　(1)10cm　(2)20cm　(3)30cm　(4)40cm　處放置微音計。　　(3)

37.( ) 做溫升試驗時，其測試環境在何種高度以下，不必施行標高校正　(1)1000 公尺　(2)1500 公尺　(3)2000 公尺　(4)2500 公尺。　　(1)

38.( ) 修理品的感應電壓試驗，以規定試驗值的　(1)40％　(2)60％　(3)75％　(4)90％　實施。　　(3)

39.( ) 一般單相變壓器之極性試驗，何種方式不適用　(1)比較法　(2)電橋法　(3)感應法　(4)加減法。　　(2)

> **解析** 電橋法通常用來量測電阻。

40.( ) 單相變壓器二次側線圈之漏磁電壓試驗，在 75kVA 以上時，開路之端電壓值不得大於　(1)3V　(2)2V　(3)1.5V　(4)1.3V。　　(4)

41.( ) 變壓器做溫升試驗時，溫升電流應以　(1)最低 Tap　(2)額定 Tap　(3)最高 Tap　(4)次高 Tap　為依歸。　　(1)

> **解析** Tap：分接頭，分接頭接最低時，會有最高的溫度。

42.( ) 變壓器做定型驗中之雷擊波(BIL)試驗前應先做　(1)銅損試驗　(2)鐵損試驗　(3)耐壓試驗　(4)溫升試驗後才進行，較為正確程序。　　(4)

43.( ) 變壓器施行感應電壓試驗由低壓側加 (1)2倍 (2)3倍 (3)4倍 (4)5倍 額定電壓頻率 400Hz 18 秒鐘。 (1)

解析 感應電壓試驗是讓試驗繞組感應出兩倍的額定電壓。

44.( ) 變壓器欲測得銅損失,需施行 (1)開路試驗 (2)短路試驗 (3)匝比試驗 (4)衝擊耐電壓試驗。 (2)

45.( ) CNS 規定變壓器絕緣油試驗基準為間隙 2.5 mm,耐電壓值 (1)10kV (2)20kV (3)30kV (4)50kV 以上。 (3)

46.( ) 下列何項試驗在檢證帶電部位與大地間或帶電部位相互間之絕緣強度 (1)商頻耐電壓 (2)感應電壓 (3)部分放電 (4) 衝擊耐電壓。 (1)

47.( ) 下列何項試驗在試驗各捲繞間,線圈各層間及分接頭引出線間等絕緣強度 (1)商頻耐電壓 (2)感應電壓 (3)部分放電 (4)衝擊耐電壓。 (2)

48.( ) 周溫升高時,所測得之線圈電阻隨之 (1)升高 (2)降低 (3)不變 (4)無法比較。 (1)

解析 金屬為正溫度係數,電阻會隨著溫度升高而升高,線圈為銅線繞製,公式為 $\dfrac{R_{t2}}{R_{t1}} = \dfrac{234.5 + t_2}{234.5 + t_1}$。

49.( ) 依 CNS598 標準規定,變壓器高壓側額定電壓 11.4kV,商用頻率耐電壓值為 (1)10kV (2)20kV (3)34kV (4)50kV 持續 1 分鐘。 (3)

50.( ) 變壓器做短路試驗之目的為獲得 (1)激磁電流 (2)鐵損 (3)阻抗電壓 (4)線圈電阻。 (3)

51.( ) 變壓器繞組電阻測量需用到下列哪些元件 (1)DC 電源供應器 (2)電流表 (3)電壓表 (4)高阻器。 (123)

解析 高阻器主要在測量絕緣電阻。

52.( ) 若一次側匝數/二次側匝數比=a 下列敘述何者正確 (1)一次電壓折算至二次側需除 a (2)一次電流折算至二次側需除 a (3)一次側阻抗折算至二次側需除 a^2 (4)二次側阻抗折算至一次側需除 a^2。 (13)

53.( ) 變化器二次線接電阻值下列何者正確 (1)接地電壓150V 以下200Ω (2)接地電壓150V 以下100Ω 以下 (3)接地電壓151~300V 以下 50Ω 以下 (4)接地電壓301V 以上 10Ω 以下。 (234)

解析 電工法規第 26 條,第三種接地規定,接地電壓愈高,其電阻值應愈小。

54.( ) 有一 10kVA，2000/200V，60Hz 之單相變壓器，作開路試驗及短路試驗，電表讀 (134)
值數據如下(其中 x，y 為一般採用額定數據)：　(1)功因為 1 時的滿載銅損是 256W
(2)功因為 1 時的滿載銅損是 144W　(3)功因為 1 時的 3/4 載銅損是 144W　(4)功因
為 0.8 時的 3/4 載銅損是 144W。

	伏特表讀數 (V)	安培表讀數 (A)	瓦特表讀數 (W)
開路試驗	x	2	144
短路試驗	100	y	256

解析 短路試驗求得即為滿載銅損＝256W，銅損與負載成平方正載，$(\frac{3}{4})$ 負載之銅損 $(\frac{3}{4})^2$
×256＝144W。

55.( ) 有一 10kVA，2000/200V，60Hz 之單相變壓器，作開路試驗及短路試驗，電表讀 (23)
值數據如下(其中 x，y 為一般採用額定數據)：則　(1)x=2000V　(2)x=200V
(3)y=5A　(4)y=50A。

	伏特表讀數 (V)	安培表讀數 (A)	瓦特表讀數 (W)
開路試驗	x	2	144
短路試驗	100	y	256

解析 開路試驗須加二次側額定電壓，故 x＝200V，短路試驗須加一次側額定電流＝$\frac{S}{V_1}$＝
$\frac{10k}{2000}$＝51，故 y＝51。

56.( ) 有一 10kVA，2000/200V，60Hz 之單相變壓器，作開路試驗及短路試驗，電表讀 (234)
值數據如下(其中 x，y 為一般採用額定數據)：　(1)功因為 1 時的滿載鐵損是 256W
(2)功因為 1 時的滿載鐵損是 144W　(3)功因為 1 時的 3/4 載鐵損是 144W　(4)功因
為 0.8 時的 3/4 載鐵損是 144W。

	伏特表讀數 (V)	安培表讀數 (A)	瓦特表讀數 (W)
開路試驗	x	2	144
短路試驗	100	y	256

解析 開路試驗求得為鐵損，鐵損值不隨負載改變，故滿載或 3/4 負載時，其鐵損皆為
144W。

57.(　) 有一 10kVA，2000/200V，60Hz 之單相變壓器，作開路試驗及短路試驗，電表讀　　(134)
值數據如下(其中 x，y 為一般採用額定數據)：　(1)高壓側的等值電阻為 10.24Ω
(2)高壓側的等值電抗為20Ω　(3)高壓側之鐵損電導g_0值為$3.6×10^{-5}℧$　(4)最大效
率發生在 3/4 負載時。

	伏特表讀數 （V）	安培表讀數 （A）	瓦特表讀數 （W）
開路試驗	x	2	144
短路試驗	100	y	256

解析 電阻、電抗使用短路試驗之數據，電阻 $R_{o1}=\dfrac{P_{SC}}{I_{SC^2}}=\dfrac{256}{5^2}=10.24Ω$，阻抗 $Z_{o1}=\dfrac{V_{SC}}{I_{SC}}$

$=\dfrac{100}{5}=20Ω$，電抗 $X=\sqrt{z^2-R^2}=\sqrt{20^2-10.24^2}$，電導使用開路試驗之數據 $g3=$

$\dfrac{P_{oC}}{V_{oC^2}}=\dfrac{144}{2000^2}=3.6×10^{-5}$；最大效率產生在鐵損＝銅損時，故 $m=\sqrt{\dfrac{144}{256}}=\dfrac{3}{4}$。

58.(　) 變壓器若做並聯運轉時應事先核對之間的哪些規格是否相同一致　(1)頻率　　(123)
(2)相序　(3)阻抗電壓　(4)冷卻方式。

59.(　) 下列項目哪些屬破壞性試驗　(1)短路　(2)耐壓　(3)雷擊　(4)溫昇。　　(13)

解析 加超大電流或超大衝擊電壓屬於破壞性試驗。

60.(　) 變壓器感應電壓試驗時間取決於其　(1)容量　(2)額定頻率　(3)試驗頻率　　(23)
(4)絕緣電阻大小。

解析 感應電壓試驗時間＝120×(額定頻率/試驗頻率)(秒)

61.(　) 下列項目哪些屬例行性試驗　(1)噪音　(2)匝比　(3)極性　(4)負載損及阻抗電壓。　　(234)

62.(　) 單相變壓器的極性試驗有那幾種方式　(1)交流法　(2)直流法　(3)比較法　　(123)
(4)感應法。

63.(　) 變壓器的負載試驗主要目的在測　(1)電壓調整率　(2)鐵損　(3)激磁電流　　(14)
(4)效率。

64.(　) 下列何者屬於非破壞性試驗？　(1)溫升試驗　(2)絕緣電阻測定　(3)衝擊耐電壓　　(124)
試驗　(4)極性試驗。

65.(　) 用電壓表、電流表測負載時　(1)電壓表串聯　(2)電壓表並聯　(3)電流表串聯　　(23)
(4)電流表並聯。

66.(　) 變壓器介質正切試驗主要調查的絕緣狀態，不包含哪二種　(1)吸濕　(2)乾燥　　(34)
(3)銅損　(4)鐵損。

67.(　) 變壓器耐壓試驗不包含哪二種　(1)開路試驗　(2)短路試驗　(3)雷擊衝耐壓試驗　　(12)
(4)感應與耐壓試驗。

68.(　) 以下何者變壓器試驗之敘述錯誤　(1)單相採極性試驗　(2)三相採極性試驗　　(23)
(3)單相採角位移試驗　(4)三相採相序試驗。

69.( ) 變壓器交流耐電壓試驗目地為檢驗那裡的絕緣強度 (1)充電部分與電源間 (2)充電部分與大地間 (3)充電部分與繞組間 (4)充電部分相互間。 **(234)**

⑩ 分解及處理

01.( ) 檢修故障變壓器所抽出之變壓器油應 (1)倒入水溝丟棄 (2)倒入土壤中丟棄 (3)重新再使用 (4)交由專門廠商處理。 **(4)**

02.( ) 吊離變壓器心體之鋼索,每撚間有素線截斷達 (1)10% (2)12% (3)15% (4)20% 時不准使用。 **(1)**

> **解析** 勞工安全衛生設施規則第 99 條:
> 雇主不得有下列各款情形之一之鋼索,供給重吊掛作業使用:一、鋼索一撚間有百分之十以上素線截斷者。二、直徑減少達公稱直徑百分之七以上者。三、有顯著變形或腐蝕者。已扭結者。

03.( ) 心體吊離桶面越高 (1)越穩 (2)越不穩 (3)越不易傾倒 (4)越安全。 **(2)**

04.( ) (本題刪題)分解變壓器線圈時不需記錄 (1)圈數多寡 (2)線徑大小 (3)絕緣種類 (4)變壓器規格。 **(4)**

05.( ) 分解後之變壓器套管應 (1)置於水中 (2)置於油中 (3)置於乾燥爐內 (4)置於容易拿到的地方。 **(3)**

06.( ) 分解後之各零件再重新組合時 (1)能用就好 (2)能維持原有功能 (3)能達到原有功能的一半即可 (4)部分維持功能即可。 **(2)**

07.( ) 分解變壓器軛鐵,下述工具何者不宜使用 (1)鐵鎚 (2)鋁鎚 (3)木槌 (4)塑膠槌。 **(1)**

> **解析** 分解變壓器軛鐵應不使軛鐵受傷為原則,故不宜使用鐵鎚。

08.( ) 處理後之變壓器心體,烘乾溫度應設定在 (1)85℃ (2)95℃ (3)105℃ (4)120℃ 較佳。 **(3)**

09.( ) 變壓器故障後,最後的分解動作為 (1)拆除套管 (2)拆除散熱器 (3)拆除基礎螺栓 (4)吊出心體。 **(4)**

10.( ) 為確保變壓器有載分接頭切換器之運轉壽命,應增設 (1)放壓裝置 (2)遮蔽板 (3)活線濾油機 (4)測溫電阻。 **(3)**

11.( ) 故障後變壓器經分解其線圈最常見 (1)導體斷裂 (2)絕緣紙變黑碳化 (3)端子脫落 (4)絕緣紙板脫落。 **(2)**

12.( ) 拆解變壓器前為確保安全,避免桶內尚有壓力存在應 (1)直接打開上蓋 (2)拆解套管 (3)拆解切換器 (4)拉起釋壓閥,卸壓,再施工。 **(4)**

13.(　　) 廢變壓器絕緣油含多氯聯苯百萬分之二未達百萬分之五十者之處理方法　(1)廢變　　(124)
壓器應先固液分離　(2)非金屬之固體廢物部分，以衛生掩埋法獨立分區掩埋處理
(3)絕緣油直接放流大海　(4)絕緣油可以熱處理設施處理。

14.(　　) 油浸式變壓器分解第一步驟下列何者有誤　(1)打開鐵殼　(2)取下錶盤上的指針　　(124)
(3)放油　(4)取出芯子。

15.(　　) 當變壓器本身事故經分解後發現線圈局部焦黑，其故障情形可能性為　(1)線圈局　　(123)
部放電　(2)匝間絕緣不足　(3)層間絕緣不足　(4)系統短路。

16.(　　) 分解變壓器線圈時需紀錄　(1)變壓器規格　(2)線徑大小　(3)絕緣種類　(4)圈數　　(124)
多寡。

17.(　　) 大型變壓器須分解輸送，輸送方式不包括哪二種　(1)真空輸送　(2)本體裝配輸送　　(14)
(3)分解輸送　(4)切片輸送。

18.(　　) 變壓器停電保養時，需確認無送電狀態並在端子接上接地線，目的為何　(1)增加　　(14)
安全度　(2)降低成本　(3)增加美觀　(4)防止感應作用。

乙級變壓器裝修(歷屆試題)

一 歷屆試題—107 年

單選題（每題 1 分，共 60 分）

1.( ) 油密性良好之外殼其壓力值隨著周溫成 (2)

    (1)平方反比　(2)正比　(3)反比　(4)等比　關係。

2.( ) 單相外鐵型變壓器其線圈構造為 L－H－L 主絕緣有 (2)

    (1)1 處　(2)2 處　(3)3 處　(4)4 處。

3.( ) 變壓器之鐵損與 (4)

    (1)電源電壓成正比　　　　　　　　(2)負載電流平方成正比

    (3)負載電流成正比　　　　　　　　(4)電源電壓之平方成正比。

4.( ) 線圈設置油道的主要目的是 (2)

    (1)增加阻抗　(2)散熱用　(3)轉位用　(4)絕緣用。

5.( ) 絕緣油為油浸變壓器主要構成材料，它兼有 (4)

    (1)絕緣和保溫　(2)絕緣和減震　(3)減震和保溫　(4)絕緣和冷卻　之功能。

6.( ) 心體烘乾過程中，宜定時量測　(1)絕緣電阻　(2)激磁電流　(3)銅損　(4)鐵損。 (1)

7.( ) 目前變壓器外殼都以　(1)銅板　(2)鋼板　(3)鐵板　(4)鑄鐵　為材料。 (2)

8.( ) 室內裝修業者承攬裝修工程，工程中所產生的廢棄物應該如何處理？ (3)

    (1)交給清潔隊垃圾車　　　　　　　(2)倒在偏遠山坡地

    (3)委託合法清除機構清運　　　　　(4)河岸邊掩埋。

9.( ) 積鐵心的固定方式，除使用絕緣螺拴緊外，尚可使用 (1)

    (1)玻纖捲帶(P.G.Tape)　(2)銅帶　(3)鋼帶　(4)鐵絲　捆綁。

10.( ) 一般辦公室影印機的碳粉匣，應如何回收？ (3)

    (1)交由清潔隊回收　　　　　　　　(2)交給拾荒者回收

    (3)交由販賣商回收　　　　　　　　(4)拿到便利商店回收。

11.( ) 變壓器心體中之線圈支持物應以 (2)

    (1)導磁體　(2)絕緣體　(3)半導體　(4)導電體　為材料。

12.( ) 外食自備餐具是落實綠色消費的哪一項表現？ (4)

    (1)環保選購　(2)回收再生　(3)降低成本　(4)重複使用。

13.( ) 使用鑽孔機時，不應使用下列何護具？ (3)

    (1)耳塞　(2)護目鏡　(3)棉紗手套　(4)防塵口罩。

14.( ) 用電壓表，電流表測負載時 (2)

    (1)電壓表串聯，電流表並聯   (2)電壓表並聯，電流表串聯

    (3)二者皆串聯   (4)二者皆並聯。

15.( ) 變壓器半載銅損為滿載銅損之 (1)2 倍 (2)1/2 倍 (3)4 倍 (4)1/4 倍。 (4)

16.( ) 為了節能與降低電費的需求，家電產品的正確選用應該如何？ (3)

    (1)選用能效分級數字較高的產品，效率較高，5 級的比 1 級的電器產品更省電

    (2)設備沒有壞，還是堪用，繼續用，不會增加支出

    (3)優先選用取得節能標章的產品

    (4)選用高功率的產品效率較高。

17.( ) 在噪音防治之對策中，從下列哪一方面著手最為有效？ (4)

    (1)個人防護具 (2)傳播途徑 (3)偵測儀器 (4)噪音源。

18.( ) 線圈邊緣墊環之主要功用為 (3)

    (1)加強美觀 (2)可減少圈數 (3)增強機械強度 (4)增加線圈高度。

19.( ) 從事專業性工作，在與客戶約定時間應 (3)

    (1)能拖就拖，能改就改 (2)保持彈性，任意調整 (3)儘可能準時，依約定時間完
成工作 (4)自己方便就好，不必理會客戶的要求。

20.( ) 員工應善盡道德義務，但也享有相對的權利，以下有關員工的倫理權利，何者不
包括？ (2)

    (1)工作保障權利 (2)進修教育補助權利 (3)抱怨申訴權利 (4)程序正義權利。

21.( ) 有一變壓器，其一次電壓為 600 伏，匝數為 2250 匝，頻率為 60Hz，則 ϕ_m 應為 (2)

    (1)0.1 韋柏 (2)0.001 韋柏 (3)0.2 韋柏 (4)0.01 韋柏。

22.( ) 變壓器製造時最忌水分，因水分能 (1)

    (1)使絕緣劣化 (2)使矽鋼片生鏽 (3)降低傳熱效果 (4)使銅線生鏽。

23.( ) 凡立水浸漬後之線圈及鐵心可增加結構強度，但亦會影響其 (3)

    (1)銅損值 (2)阻抗值 (3)絕緣及散熱能力 (4)鐵損值。

24.( ) 漏電影響節電成效，並且影響用電安全，簡易的查修方法為 (4)

    (1)用手碰觸就可以知道有無漏電 (2)用三用電表檢查 (3)看電費單有無紀錄
(4)電氣材料行買支驗電起子，碰觸電氣設備的外殼，就可查出漏電與否。

25.( ) 處理後之變壓器心體，烘乾溫度應設定在 (3)

    (1)95℃ (2)85℃ (3)105℃ (4)120℃ 較佳。

26.( ) 變壓器心體內之墊木乾燥處理之目的為 (3)

    (1)增加表面光滑 (2)提高機械強度 (3)除去水分 (4)增加韌性。

27.(　) 下圖所示為何種設備之端子符號 (1)

(1)比壓器　(2)比流器　(3)單相配電變壓器　(4)單相電力變壓器。

28.(　) 在生物鏈越上端的物種其體內累積持久性有機污染物(POPs)濃度將越高，危害性 (4)
也將越大，這是說明 POPs 具有下列何種特性？

(1)高毒性　(2)持久性　(3)半揮發性　(4)生物累積性。

29.(　) 請問下列何者非為個人資料保護法第 3 條所規範之當事人權利？ (2)

(1)請求補充或更正　　　　　　　(2)請求刪除他人之資料

(3)請求停止蒐集、處理或利用　　(4)查詢或請求閱覽。

30.(　) 絕緣油測定用溫度計的感溫部要設在 (4)

(1)最低油溫處　(2)常溫位置　(3)平均油溫處　(4)最高油溫處。

31.(　) 一般油浸配電級變壓器，高壓分接頭出口線，絕緣長度約與線圈 (1)

(1)大於線圈 30mm　(2)大於線圈 100mm/m　(3)相同　(4)大於線圈 200m/m。

32.(　) 依職業安全衛生法施行細則規定，下列何者非屬特別危害健康之作業？ (2)

(1)粉塵作業　(2)會計作業　(3)噪音作業　(4)游離輻射作業。

33.(　) 變壓器線圈壓板，為求足夠機械強度以達到壓緊效果，通常使用 (3)

(1)閉口銅環　(2)閉口鋼環　(3)開口鋼環　(4)開口銅環。

34.(　) 同一材質之 A、B 兩根銅線，B 之截面積為 A 之 2 倍，長度為 4 倍，B 之電阻為 (4)
A 之　(1)4　(2)1/2　(3)8　(4)2　倍。

35.(　) 下列諸試驗何種屬於破壞性試驗 (4)

(1)溫升試驗　(2)絕緣電阻測定　(3)匝比測定　(4)衝擊耐電壓試驗。

36.(　) GT 表示　(1)瓦斯變壓器　(2)超高壓變壓器　(3)接地變壓器　(4)接地比流器。 (6)

37.(　) 匝數比為 $N_1 / N_2 = 5$ 之單相變壓器三台，作△-Y 連接，二次線電流為 50A，則一 (4)
次線電流為　(1)　(2)10A　(3)5A　(4)$10\sqrt{3}$A。

38.(　) 電感器的阻抗與電源頻率 (4)

(1)平方成正比　(2)成反比　(3)平方成反比　(4)成正比。

39.(　) 變壓器保護電驛代號為 26W 係指 (1)

(1)線圈溫度計　(2)放壓裝置　(3)油溫度計　(4)樸氣電驛。

40.(　) 線圈接頭接續不良在運轉中會使 (2)

(1)渦損增加　(2)線圈局部過熱　(3)電壓增加　(4)電流增加。

41.(　) 線圈用絕緣紙的密度約為　(1)1.0　(2)0.6　(3)0.4　(4)0.8　g/cm。 (1)

42.( ) 500KVA 以下 12kV 級套管，應承受耐電壓試驗一分鐘之電壓為 (3)
(1)12kV (2)25kV (3)35kV (4)55kV。

43.( ) 三相 69/11.95kV，15/20/25MVA 結線為△-Y 之變壓器，當負載達 20MVA 時，二 (4)
次側電流為 (1)1066A (2)1166A (3)866A (4)966A。

44.( ) 分解後之各零件再重新組合時 (1)
(1)能維持原有功能 (2)能用就好
(3)部分維持功能即可 (4)能達到原有功能的一半即可。

45.( ) 下列何者是造成聖嬰現象發生的主要原因？ (3)
(1)颱風 (2)霧霾 (3)溫室效應 (4)臭氧層破洞。

46.( ) 矽鋼片加工剪切時其毛刺應管制於 (2)
(1)0.1mm (2)0.03mm (3)0.05mm (4)0.01mm 以下，以免影響鐵心特性。

47.( ) 下圖表示 (1)
(1)三繞組變壓器 (2)比壓器 (3)單繞組變壓器附 OLTC (4)自耦變壓器。

48.( ) 當負載增加時，漏磁變壓器的漏抗 (1)不變 (2)不一定 (3)變小 (4)變大。 (1)

49.( ) 桿上變壓器外殼之防銹處理漆，應採用能經過 5%食鹽溶液浸潤 (1)
(1)72 (2)96 (3)24 (4)48 小時而不變化之合成樹脂系瓷漆。

50.( ) 桿上變壓器一次側設有分接頭，其目的是 (3)
(1)調整功率因數 (2)預備故障時，可改用其他分接頭
(3)調整電壓 (4)調整電流。

51.( ) 矽鋼片材質為 20RGH90 係表示其厚度 (1)
(1)0.2mm (2)0.18mm (3)2.0mm (4)0.9mm。

52.( ) 下列何者之環境管制可使凡立水不易變質 (3)
(1)室外高溫地點 (2)低溫(5℃以下)
(3)室內常溫通風 (4)室外開放式之儲存環境。

53.( ) 流行病學實證研究顯示，輪班、夜間及長時間工作與心肌梗塞、高血壓、睡眠障 (3)
礙、憂鬱等的罹病風險之相關性一般為何？
(1)無 (2)可正可負 (3)正 (4)負。

54.( ) 下列使用重製行為，何者已超出「合理使用」範圍？ (2)
(1)以分享網址的方式轉貼資訊分享於 BBS
(2)將講師的授課內容錄音供分贈友人
(3)直接轉貼高普考考古題在 FACEBOOK
(4)將著作權人之作品及資訊，下載供自己使用。

55.(　) 配電變壓器之二次側中性線接地係屬於 　　　　　　　　　　　　(2)

(1)高壓電源系統接地　(2)低壓電源系統接地　(3)設備接地　(4)內線系統接地。

56.(　) 欲將二相電源變為三相電源，該變壓器組應選用 　　　　　　　　(2)

(1)V－V 型連接　(2)T 型連接　(3)△－Y 連接　(4)Y－△連接。

57.(　) 某 100kVA 變壓器，滿載時其功率因數為 0.8，則輸出有效功率為 (3)

(1)60kW　(2)125kW　(3)80kW　(4)138kW。

58.(　) 目前最常使用的製圖方法為 　　　　　　　　　　　　　　　　(4)

(1)第一角　(2)第二角　(3)第四角　(4)第三角　投影法。

59.(　) 下列何者不是全球暖化帶來的影響？ 　　　　　　　　　　　　(2)

(1)洪水　(2)地震　(3)熱浪　(4)旱災。

60.(　) 變壓器鐵心所用的材料為 　　　　　　　　　　　　　　　　　(2)

(1)絕緣材料　(2)磁性材料　(3)導電材料　(4)絕熱材料。

複選題（每題 2 分，共 40 分）

61.(　) 以下何者非變壓器主要附件 　　　　　　　　　　　　　　　(14)

(1)測量裝置　(2)冷卻裝置　(3)排水裝置　(4)導電裝置。

62.(　) 環形鐵心的優點有那些 　　　　　　　　　　　　　　　　　(23)

(1)繞線成本低　(2)電磁遮蔽佳　(3)鐵心成本低　(4)組裝成本低。

63.(　) 圖中哪些是代表交流電壓與直流電流表 　　　　　　　　　　(34)

(1)Ⓥ　(2)Ⓐ　(3)Ⓥ　(4)Ⓐ。

64.(　) 大型變壓器須分解輸送，輸送方式不包括哪二種 　　　　　　(12)

(1)真空輸送　(2)切片輸送　(3)本體裝配輸送　(4)分解輸送。

65.(　) PT/CT 由絕緣方式分類，包含哪三種 　　　　　　　　　　(234)

(1)濕式　(2)油入式　(3)紙包乾式　(4)模鑄式。

66.(　) 下列那些是變壓器－Y 接線的特點 　　　　　　　　　　　　(24)

(1)此種接法有降壓作用　　　　　　　(2)一次側線電流落後相電流 30°

(3)輸出容量 $S = 3VI$　　　　　　　　(4)位移角為 Y 超前 30°。

67.(　) 銅損乾燥法優點為 　　　　　　　　　　　　　　　　　　(12)

(1)熱量從絕緣內部發生，絕緣溫升較快

(2)裝置簡單，不需要附加保溫材料和磁化線圈

(3)測量線圈溫度方便

(4)需要電源容量小。

68.(　) 常用的繞組用導線，包含哪三種 　　　　　　　　　　　　(124)

(1)紙包銅線　(2)漆包線　(3)電纜線　(4)紙包鋁線。

69.( ) 磁路的磁阻之定義那些是正確的 　　　　　　　　　　　　　　　　　　　　(34)

(1)磁阻與材料無關　　　　　　　　　　　(2)與導磁係數成正比

(3)與磁路的面積成反比　　　　　　　　　(4)與磁路長度成正比。

70.( ) 變壓器套管中絕緣等級較高的兩種套管為 　　　　　　　　　　　　　　　　(13)

(1)充油套管　(2)純瓷套管　(3)電容套管　(4)銅板套管。

71.( ) 變壓器線圈以同心繞配置者 　　　　　　　　　　　　　　　　　　　　　　(12)

(1)適用於內鐵式變壓器　　　　　　　　　(2)低壓側線圈靠近鐵心

(3)高壓側線圈靠近鐵心　　　　　　　　　(4)適用於外鐵式變壓器。

72.( ) 要減少變壓器自感電容的方法可　(1)二線圈間加大電位差　(2)減少繞組寬度　　(124)

(3)減少繞線層度　(4)增加一次側到二次側的絕緣厚度。

73.( ) 為使相間電阻值得到較佳平衡之變壓器繞組常使用　(1)鐵心分佈法　(2)繞組長　　(234)

度平均法　(3)轉位導體法　(4)繞組分段法。

74.( ) 在三相電路中採用一具三相變壓器較三具單相變壓器的優點為　(1)鐵損較小　　(12)

(2)鐵心材料使用量較少　(3)更換或修理之工作省時　(4)備用變壓器費用較低。

75.( ) 非晶質變壓器的特點(amorphous metal transformer, AMT)　(1)無載損失較矽鋼高　　(34)

(2)製造技術層次低　(3)硬度較矽鋼高　(4)厚度約為矽鋼 1/10。

76.( ) 鐵心剪切後之斷面積處常用凡立水塗抹，其主要目的為　(1)美觀　(2)防鐵心短路　　(23)

(3)防鐵心生銹　(4)防刮傷。

77.( ) 如圖變壓器極性試驗，開關 on 時瞬間，何者敘述為真 　　　　　　　　　　(34)

(1)電壓計顯示負時為減極性　　　　　　　(2)電壓計顯示正時為加極性

(3)電壓計顯示正時為減極性　　　　　　　(4)電壓計顯示負時為加極性。

```
直          ┌──────────┐
流   ─┤├─┐   │  被試驗   │   ┌─┐ −
電        │───│  變壓器   │───│V│
源   ────o───│          │   └─┘ +
         └──────────┘
```

78.( ) 變壓器的負載試驗主要目的在測 　　　　　　　　　　　　　　　　　　　　(34)

(1)激磁電流　(2)鐵損　(3)電壓調整率　(4)效率。

79.( ) 變化器二次線接電阻值下列何者正確 　　　　　　　　　　　　　　　　　　(124)

(1)接地電壓 301V 以上 10Ω 以下　　　　(2)接地電壓 150V 以下 100Ω 以下

(3)接地電壓 150V 以下 200Ω　　　　　　(4)接地電壓 151~300V 以下 50Ω 以下。

80.( ) 變壓器電氣特性主要由哪些構成　(1)電路　(2)磁路　(3)油路　(4)水路。　　(12)

二 歷屆試題—108 年

單選題（每題 1 分，共 60 分）

1.(　) 下列有關著作權之概念，何者正確？ (1)國外學者之著作，可受我國著作權法的保護 (2)著作權要待向智慧財產權申請通過後才可主張 (3)公務機關所函頒之公文，受我國著作權法的保護 (4)以傳達事實之新聞報導，依然受著作權之保障。 (1)

2.(　) 變壓器故障後，最後的分解動作為 (1)拆除基礎螺栓 (2)拆除套管 (3)吊出心體 (4)拆除散熱器。 (3)

3.(　) 三相 100kVA 之變壓器，一次電壓為 6kV，百分阻抗為 3%，當二次側三相短路時，流經一次側之短路電流為 (1)320A (2)550A (3)50A (4)30A。 (1)

4.(　) 線圈抽頭絕緣等級至少應比照與線圈 (1)可降 2 級 (2)同一級或以上 (3)可降 3 級 (4)可降 1 級。 (2)

5.(　) 下列何者屬安全的行為？ (1)有缺陷的設備 (2)不適當之警告裝置 (3)不適當之支撐或防護 (4)使用防護具。 (4)

6.(　) 有一變壓器，其一次電壓為 600 伏，匝數為 2250 匝，頻率為 60Hz，則 ϕ_m 應為 (1)0.1 韋柏 (2)0.01 韋柏 (3)0.2 韋柏 (4)0.001 韋柏。 (4)

7.(　) 三相變壓器接成△接線時，其線電壓(El)和相電壓(Ep)的關係為 (1) $E_1 = Ep / \sqrt{3}$ (2) $E_1 = Ep$ (3) $E_1 = \sqrt{3}Ep$ (4) $E_1 = 2Ep$。 (2)

8.(　) 我國制定何法以保護刑事案件之證人，使其勇於出面作證，俾利犯罪之偵查、審判？ (1)行政程序法 (2)證人保護法 (3)刑事訴訟法 (4)貪污治罪條例。 (2)

9.(　) 職業安全衛生法之立法意旨為保障工作者安全與健康，防止下列何種災害？ (1)公共災害 (2)職業災害 (3)交通災害 (4)天然災害。 (2)

10.(　) 變壓器欲測得銅損失，需施行 (1)匝比試驗 (2)開路試驗 (3)短路試驗 (4)衝擊耐電壓試驗。 (3)

11.(　) 依環境基本法第 3 條規定，基於國家長期利益，經濟、科技及社會發展均應兼顧環境保護。但如果經濟、科技及社會發展對環境有嚴重不良影響或有危害時，應以何者優先？ (1)環境 (2)經濟 (3)科技 (4)社會。 (1)

12.(　) 24kV 級以下線圈製作完成後，入外殼組裝前必須事前乾燥致使其線圈對地絕緣電阻達 (1)2000MΩ (2)4000MΩ (3)3000MΩ (4)1000MΩ 以上。 (4)

13.(　) 對於化學燒傷傷患的一般處理原則，下列何者正確？ (1)於燒傷處塗抹油膏、油脂或發酵粉 (2)使用酸鹼中和 (3)立即用大量清水沖洗 (4)傷患必須臥下，而且頭、胸部須高於身體其他部位。 (3)

14.(　) 變壓器滿載時之銅損為 120kW，鐵損為 40kW，則半載時之總損失為 (1)100kW (2)80kW (3)160kW (4)70kW。 (4)

15.(　) 電感器的阻抗與電源頻率 (1)

　　(1)成正比　(2)成反比　(3)平方成正比　(4)平方成反比。

16.(　) 桿上變壓器一次側設有分接頭，其目的是 (1)

　　(1)調整電壓　　　　　　　　　　(2)預備故障時，可改用其他分接頭

　　(3)調整功率因數　　　　　　　　(4)調整電流。

17.(　) 根據性騷擾防治法，有關性騷擾之責任與罰則，下列何者錯誤? (1)

　　(1)對他人為性騷擾者，如果沒有造成他人財產上之損失，就無需負擔金錢賠償之

　　責任　(2)意圖性騷擾，乘人不及抗拒而為親吻、擁抱或觸摸其臀部、胸部或其他

　　身體隱私處之行為者，處 2 年以下有期徒刑、拘役或科或併科 10 萬元以下罰金

　　(3)對他人為性騷擾者，由直轄市、縣(市)主管機關處 1 萬元以上 10 萬元以下罰鍰

　　(4)對於因教育、訓練、醫療、公務、業務、求職，受自己監督、照護之人，利用

　　權勢或機會為性騷擾者，得加重科處罰鍰至二分之一。

18.(　) 大氣層中臭氧層有何作用？ (4)

　　(1)對流最旺盛的區域　(2)造成光害　(3)保持溫度　(4)吸收紫外線。

19.(　) 55℃溫升之變壓器銅損通常以溫度 (2)

　　(1)55℃　(2)75℃　(3)65℃　(4)45℃　為換算值。

20.(　) 變壓器設置分接頭切換裝置之目的是 (2)

　　(1)穩定輸入電流　(2)穩定輸出電壓　(3)穩定輸入電壓　(4)穩定輸出電流。

21.(　) 下圖表示　(1)減極性　(2)無極性　(3)加極性　(4)雙極性　變壓器。 (1)

22.(　) 下列何種油介電常數最大？　(1)礦物油　(2)食用油　(3)脂肪油　(4)植物油。 (1)

23.(　) 下列何種洗車方式無法節約用水？ (4)

　　(1)用水桶及海綿抹布擦洗　(2)使用有開關的水管可以隨時控制出水

　　(3)利用機械自動洗車，洗車水處理循環使用　(4)用水管強力沖洗。

24.(　) 關於綠色採購的敘述，下列何者錯誤？ (3)

　　(1)採購的產品對環境及人類健康有最小的傷害性　(2)選購產品對環境傷害較

　　少、污染程度較低者　(3)以精美包裝為主要首選　(4)採購回收材料製造之物品。

25.(　) 各產業中耗能佔比最大的產業為 (2)

　　(1)公用事業　(2)能源密集產業　(3)服務業　(4)農林漁牧業。

26.(　) 適當鐵心燒鈍溫度約為 (4)

　　(1)500～600℃　(2)200～300℃　(3)300～400℃　(4)600～800℃　為最理想。

27.( ) 單套管變壓器裝殼完畢後其一次線圈與外殼之絕緣電阻爲 (3)

(1)1MΩ 以上　(2)10MΩ 以上　(3)0MΩ　(4)100MΩ 以上　始爲正確。

28.( ) 爲證實變壓器繞組各層間及各匝間的絕緣是否合乎規定，應以何種試驗行之 (4)

(1)交流耐壓試驗　(2)變壓比試驗　(3)絕緣電阻測定試驗　(4)感應耐壓試驗。

29.( ) 1000kVA 的負載，在功因爲 60%時，其無效電力約爲 (2)

(1)500kVAR　(2)800kVAR　(3)400kVAR　(4)600kVAR。

30.( ) 周溫升高時，所測得之線圈電阻隨之　(1)不變　(2)升高　(3)無法比較　(4)降低。 (2)

31.( ) 五個 50Ω 的電阻器並聯後，其合成電阻爲　(1)10Ω　(2)100Ω　(3)50Ω　(4)250Ω。 (1)

32.( ) 生活中經常使用的物品，下列何者含有破壞臭氧層的化學物質？ (3)

(1)寶特瓶　(2)保麗龍　(3)噴霧劑　(4)免洗筷。

33.( ) 100kVA 變壓器效率 98%，其全損不得超過 (3)

(1)2580W　(2)3040W　(3)2040W　(4)3580W。

34.( ) 某三相變壓器若線電壓爲 34.5kV，線電流爲 100.4A，則其容量爲 (2)

(1)7000KVA　(2)6000KVA　(3)3500KVA　(4)600KVA。

35.( ) 下列何種患者不宜從事高溫作業？　(1)近視　(2)重聽　(3)心臟病　(4)遠視。 (3)

36.( ) 單相 5kVA 之變壓器，其鐵損爲 100W，滿載銅損 150W，在功因爲 1.0 的情況下， (3)

16 小時半載，8 小時無載，則全日效率爲何？

(1)97%　(2)88%　(3)93%　(4)91%。

37.( ) 下圖表示　(1)比流器　(2)比壓器　(3)整流器　(4)變頻器。 (1)

38.( ) 由圓銅線壓製而成之平角銅線應經退火處理，其目的是 (4)

(1)提高機械強度　(2)提高導電率　(3)使硬化　(4)使軟化。

39.( ) 小吳是公司的專用司機，爲了能夠隨時用車，經過公司同意，每晚都將公司的車 (1)

開回家，然而，他發現反正每天上班路線，都要經過女兒學校，就順便載女兒上

學，請問可以嗎？

(1)不可以，這是公司的車不能私用　　　(2)可以，要資源須有效使用

(3)可以，只要不被公司發現即可　　　(4)可以，反正順路。

40.( ) 心體吊離桶面越高　(1)越安全　(2)越不易傾倒　(3)越不穩　(4)越穩。 (3)

41.( ) 一般螺絲與不鏽鋼螺絲之扭力值依其　(1)長短　(2)牙距　(3)大小　(4)形狀　而 (3)

有所不同之規定。

42.( ) 兩具單相 100kVA 的變壓器，接成 V 接線時，其可供應的三相滿載電力容量爲 (4)

(1)100kVA　(2)200kVA　(3)158kVA　(4)173kVA。

43.( ) 69kV 變壓器心體裝桶後，其真空時間應保持 (1)

(1)6 小時　(2)10 小時　(3)4 小時　(4)8 小時　後才注油。

44.( ) 為了取得良好的水資源，通常在河川的哪一段興建水庫？　　(1)
(1)上游　(2)下游出口　(3)中游　(4)下游。

45.( ) 加熱乾燥線圈用凡立水，其電阻係數為　　(4)
(1)$5×10^{18}$　(2)$5×10^{12}$　(3)$5×10^{16}$　(4)$5×10^{14}$　ΩCM 以上。

46.( ) 大型積鐵心變壓器之矽鋼片一般採用　　(1)
(1)多片搭接　(2)單片搭接　(3)多片對接　(4)單片對接。

47.( ) 尺度數字前加"t"表示　(1)頂點　(2)斜度　(3)間隙　(4)厚度。　　(4)

48.( ) 積鐵心之佔積率約為　(1)1.05　(2)0.85　(3)0.95　(4)0.80。　　(3)

49.( ) 變壓器外殼製作完成時，其首要工作為　　(1)
(1)尺寸檢查及氣密試驗　(2)塗裝　(3)過磅　(4)組裝套管。

50.( ) 心體烘乾最主要目的為　　(3)
(1)去除粉塵　(2)固定形狀　(3)去除絕緣材料吸濕之水分　(4)易於調整作業。

51.( ) 變壓器繞組間設置油(氣)道，其目的何在？　　(4)
(1)增加絕緣電阻　(2)美觀　(3)降低鐵損　(4)增加散熱循環。

52.( ) 欲使方向性矽鋼帶之激磁電流為最小時，其壓延方向應與磁路方向成　　(4)
(1)任意角度　(2)垂直　(3)45 度　(4)平行。

53.( ) 片狀導體線圈比條狀導體線圈之　　(1)
(1)短路機械強度高　(2)損失率低　(3)導電率高　(4)損失率高。

54.( ) 正確真空注油作業步驟為　　(1)
(1)濾油→抽真空→真空注油　　(2)抽真空→濾油→真空注油
(3)真空注油→抽真空→濾油　　(4)濾油→注油→真空。

55.( ) 鐵心加工時所受之殘餘應力，將影響其　　(3)
(1)電氣特性　(2)絕緣特性　(3)磁化特性　(4)化學特性。

56.( ) 每個人日常生活皆會產生垃圾，下列何種處理垃圾的觀念與方式是不正確的？　　(4)
(1)廚餘回收堆肥後製成肥料　(2)可燃性垃圾經焚化燃燒可有效減少垃圾體積
(3)垃圾分類，使資源回收再利用　(4)所有垃圾皆掩埋處理，垃圾將會自然分解。

57.( ) 心體烘乾過程中，宜定時量測　(1)激磁電流　(2)鐵損　(3)絕緣電阻　(4)銅損。　　(3)

58.( ) 凡立水處理乾燥後的線圈皮膜表面仍有黏性時，表示　　(1)
(1)乾燥不充分　(2)乾燥適當　(3)乾燥過分　(4)與乾燥無關。

59.( ) 電壓比為 30：1 之變壓器，若一次側電壓為 7200V 時，則二次側電壓為　　(3)
(1)110V　(2)120V　(3)240V　(4)220V。

60.( ) 旋轉剖面是將剖面部分在視圖上旋轉　(1)90°　(2)150°　(3)120°　(4)180°。　　(1)

複選題（每題 2 分，共 40 分）

61.(　) 乾式變壓器一，二次線圈絕緣結構包括哪三種？ (134)
(1)高低壓線圈均樹酯灌注　(2)高低壓線圈均為裸導體　(3)高壓線圈樹酯灌注,低壓紙包覆裏凡立水　(4)高低壓線圈均用紙模成型包覆。

62.(　) 在三相電路中採用一具三相變壓器較三具單相變壓器的優點為　(1)備用變壓器費用較低　(2)更換或修理之工作省時　(3)鐵損較小　(4)鐵心材料使用量較少。 (34)

63.(　) 自耦變壓器與普通變壓器比較有那些缺點 (13)
(1)電壓比低　(2)體積大　(3)絕緣處理困難　(4)激磁電流大。

64.(　) 變壓器線圈以同心繞配置者 (12)
(1)適用於內鐵式變壓器　　　　　　(2)低壓側線圈靠近鐵心
(3)高壓側線圈靠近鐵心　　　　　　(4)適用於外鐵式變壓器。

65.(　) 線圈電感量 L (13)
(1)與線圈匝數 N 平方成正比　　　　(2)與導磁係數成反比
(3)與磁阻成反比　　　　　　　　　(4)與線圈匝數 N 成正比。

66.(　) 鐵心層表面絕緣漆破損後鐵心會 (234)
(1)降低渦流損　　　　　　　　　　(2)產生局部發熱
(3)造成變壓器運轉時油溫上昇　　　(4)造成局部短路。

67.(　) 繞組做焊接時，以不使銅線表面溶化為原則，焊接應有適合的攝氏溫度，下列何者之溫度有誤？　(1)1600　(2)1200　(3)800　(4)400。 (124)

68.(　) 為使電力變壓器鐵心不鬆散，一般固定方法有 (124)
(1)拴緊法　(2)綁緊法　(3)粘固法　(4)銲接法。

69.(　) 若一次側匝數/二次側匝數比= a 下列敘述何者正確 (14)
(1)一次側阻抗折算至二次側需除 a_2　(2)二次側阻抗折算至一次側需除 a_2
(3)一次電流折算至二次側需除 a　　(4)一次電壓折算至二次側需除 a。

70.(　) 下列何者為是？　(1)VCB 表示真空斷路器　(2)OA/FA 表示油浸自冷/風冷式變壓器　(3)BCT 表示水冷式變壓器　(4)ABS 表示空斷開關。 (124)

71.(　) 變壓器的浸漬材料可為　(1)透明漆　(2)樹脂漆　(3)乳膠漆　(4)甲酚清漆。 (24)

72.(　) 如下圖，有兩只 100/5C.T 測量 3φ 平衡負載電流，當電流表顯示約為 3.8A 時　　(12)

    (1)負載電流約為 44A　　　　　　　　(2)C.T 線圈電流約為 2.2A

    (3)C.T 線圈電流約為 3.8A　　　　　　(4)負載電流約為 76A。

73.(　) 變壓器絕緣油一般應具備何種條件？　　(234)

    (1)凝固點高　(2)引火點高　(3)黏度低　(4)絕緣耐力強。

74.(　) 變壓器停電保養時，需確認無送電狀態並在端子接上接地線，目的為何　　(24)

    (1)增加美觀　(2)防止感應作用　(3)降低成本　(4)增加安全度。

75.(　) 變壓器矽鋼片依磁性性質區分，主要有那二種　　(24)

    (1)多方向性矽鋼片　(2)無方向性矽鋼片　(3)輻射性矽鋼片　(4)方向性矽鋼片。

76.(　) 變壓器絕緣物主要劣化原因包含哪三種　　(123)

    (1)熱引起　(2)部分放電引起　(3)吸溼引起　(4)無載。

77.(　) 660kVA，1200V/1320V 自耦變壓器　　(123)

    (1)自有容量為 60kVA　　　　　　　　(2)串聯繞組電流為 500A

    (3)串聯繞組電壓為 120V　　　　　　　(4)共用繞組電流為 550A。

78.(　) 變壓器外殼需具備　(1)保護繞組　(2)絕熱　(3)方便安裝固定　(4)保護鐵心。　　(124)

79.(　) 變壓器的負載試驗主要目的在測　　(23)

    (1)激磁電流　(2)電壓調整率　(3)效率　(4)鐵損。

80.(　) 為使真空乾燥爐能順暢，應　　(34)

    (1)爐內要有木屑　(2)爐內需放油　(3)保持乾淨　(4)注意用電安全。

三 歷屆試題—109 年

單選題（每題 1 分，共 60 分）

1.(　) 下列何種現象無法看出家裡有漏水的問題？　　　　　　　　　　(1)

　　　(1)水龍頭打開使用時，水表的指針持續在轉動

　　　(2)牆面、地面或天花板忽然出現潮濕的現象

　　　(3)馬桶裡的水常在晃動，或是沒辦法止水

　　　(4)水費有大幅度增加。

2.(　) 變壓器的三大主要材料是　　　　　　　　　　　　　　　　　　(3)

　　　(1)銅、鋁、錫　　(2)銅、鋁、鋼　　(3)銅、鐵、絕緣材料　　(4)銅、鐵、鋼。

3.(　) 變壓器之矽鋼片常用之厚度有　　　　　　　　　　　　　　　　(4)

　　　(1)0.5～0.64mm　　(2)2～3.5mm　　(3)5～6.4mm　　(4)0.2～0.35mm。

4.(　) 繞線作業確保匝數正確與否之輔助工具是　　　　　　　　　　　(3)

　　　(1)瓦特表　　(2)乏時計　　(3)計數器　　(4)電壓表。

5.(　) 因故意或過失而不法侵害他人之營業秘密者，負損害賠償責任該損害賠償之請求　(4)
　　　權，自請求權人知有行為及賠償義務人時起，幾年間不行使就會消滅？

　　　(1)7 年　　(2)10 年　　(3)5 年　　(4)2 年。

6.(　) 下列何者是造成臺灣雨水酸鹼(pH)值下降的主要原因？　　　　　(2)

　　　(1)國外火山噴發　　(2)工業排放廢氣　　(3)降雨量減少　　(4)森林減少。

7.(　) 下列何種行為無法減少「溫室氣體」排放？　　　　　　　　　　(1)

　　　(1)多吃肉少蔬菜　　(2)多搭乘公共運輸系統　　(3)使用再生紙張　　(4)騎自行車取代
　　　開車。

8.(　) 心體烘乾最主要目的為　　　　　　　　　　　　　　　　　　　(3)

　　　(1)易於調整作業　　(2)去除粉塵　　(3)去除絕緣材料吸濕之水分　　(4)固定形狀。

9.(　) 以下何者不是發生電氣火災的主要原因？　　　　　　　　　　　(3)

　　　(1)漏電　　(2)電器接點短路　　(3)電纜線置於地上　　(4)電氣火花。

10.(　) 下列何者是海洋受污染的現象？　　　　　　　　　　　　　　　(2)

　　　(1)溫室效應　　(2)形成紅潮　　(3)形成黑潮　　(4)臭氧層破洞。

11.(　) 勞動場所發生職業災害，災害搶救中第一要務為何？　　　　　　(1)

　　　(1)搶救罹災勞工迅速送醫　　　　　　　(2)搶救材料減少損失

　　　(3)24 小時內通報勞動檢查機構　　　　　(4)災害場所持續工作減少損失。

12.(　) 變壓器套管螺絲與線圈導線連結宜採用　　　　　　　　　　　　(4)

　　　(1)C 型　　(2)Y 型　　(3)T 型　　(4)O 型　　端子。

13.(　) 1000kVA 的負載，在功因為 60%時，其無效電力約為　　　　　　(4)

　　　(1)500kVAR　　(2)600kVAR　　(3)400kVAR　　(4)800kVAR。

14.( ) 變壓器內部組裝完畢後注油時，下列何者為正確作業　　　　　　　　　　　　(3)

(1)抽眞空後注油　　　　　　　　　　　　(2)注油不抽眞空

(3)抽眞空後注油並同時抽眞空　　　　　　(4)先注油再抽眞空。

15.( ) 疊積後之鐵心，應以何物來防止生鏽　　　　　　　　　　　　　　　　　　(3)

(1)膠帶包紮　(2)機油　(3)凡立水　(4)汽油。

16.( ) 為了節能與降低電費的需求，家電產品的正確選用應該如何？　　　　　　　　(1)

(1)優先選用取得節能標章的產品　(2)設備沒有壞，還是堪用，繼續用，不會增加

支出　(3)選用能效分級數字較高的產品，效率較高，5 級的比 1 級的電器產品更

省電　(4)選用高功率的產品效率較高。

17.( ) 單套管變壓器裝殼完畢後其一次線圈與外殼之絕緣電阻為　　　　　　　　　　(3)

(1)10MΩ 以上　(2)100MΩ 以上　(3)0MΩ　(4)1MΩ 以上　始為正確。

18.( ) 凡立水浸漬後之線圈及鐵心可增加結構強度，但亦會影響其　　　　　　　　　(4)

(1)鐵損值　(2)銅損值　(3)阻抗值　(4)絕緣及散熱能力。

19.( ) 下列何者非屬防止搬運事故之一般原則？　　　　　　　　　　　　　　　　　(2)

(1)以機械代替人力　　　　　　　　　　　(2)儘量增加搬運距離

(3)以機動車輛搬運　　　　　　　　　　　(4)採取適當之搬運方法。

20.( ) 我國已制定能源管理系統標準為　　　　　　　　　　　　　　　　　　　　　(1)

(1)CNS 50001　(2)CNS 12681　(3)CNS 14001　(4)CNS 22000。

21.( ) 用手搖高阻計測定變壓器絕緣電阻，該高阻計每分鐘轉速應不低於　　　　　　(2)

(1)150 轉　(2)120 轉　(3)360 轉　(4)180 轉。

22.( ) 為減少線圈的渦流損，宜選用　　　　　　　　　　　　　　　　　　　　　　(3)

(1)較厚　(2)截面積較小　(3)較薄　(4)截面積較大　的導體。

23.( ) 鐵心及夾件各金屬部分之接地採用　　　　　　　　　　　　　　　　　　　　(3)

(1)電容接地　(2)電阻接地　(3)直接接地　(4)電抗接地。

24.( ) 乘坐轎車時，如有司機駕駛，按照乘車禮儀，以司機的方位來看，首位應為　　(1)

(1)後排右側　(2)後排中間　(3)後排左側　(4)前座右側。

25.( ) 中華民國國家標準(CNS)規定，油浸自冷式變壓器的繞組溫升不得超過　　　　(4)

(1)45℃　(2)75℃　(3)55℃　(4)65℃。

26.( ) 若以每 60°分設一油道，則其油道應有　(1)8 道　(2)6 道　(3)10 道　(4)4 道。　(2)

27.( ) 適合於交流電弧、電焊機之用者為　　　　　　　　　　　　　　　　　　　　(3)

(1)恆壓變壓器　(2)自耦變壓器　(3)漏磁變壓器　(4)變流變壓器。

28.( ) 非晶質鐵心材質，其磁飽和值約在　　　　　　　　　　　　　　　　　　　　(3)

(1)2.0tesla　(2)1.8tesla　(3)1.4tesla　(4)1.0tesla。

29.( ) 桿上變壓器一次側設有分接頭,其目的是   (3)

    (1)調整功率因數   (2)預備故障時,可改用其他分接頭

    (3)調整電壓   (4)調整電流。

30.( ) 有一變壓器,其一次電壓為 600 伏,匝數為 2250 匝,頻率為 60Hz,則 ϕ_m 應為   (1)

    (1)0.001 韋柏   (2)0.1 韋柏   (3)0.2 韋柏   (4)0.01 韋柏。

31.( ) 工作圖中未註明單位時,其單位為 (1)dm (2)m (3)cm (4)mm。   (4)

32.( ) 下列何者為非再生能源? (1)水力能 (2)太陽能 (3)焦煤 (4)地熱能。   (3)

33.( ) 單相桿上變壓器其冷卻方式採用   (3)

    (1)送油自冷 (2)風冷 (3)自冷 (4)送油風冷。

34.( ) 變壓器依其鐵心與線圈分佈關係可分為   (2)

    (1)加極性與減極性   (2)內鐵型與外鐵型

    (3)積鐵心型與卷鐵心型   (4)升壓型與降壓型。

35.( ) 購買下列哪一種商品對環境比較友善?   (2)

    (1)一次性的產品   (2)材質可以回收的商品

    (3)用過即丟的商品   (4)過度包裝的商品。

36.( ) 公務機關首長要求人事單位聘僱自己的弟弟擔任工友,違反何種法令?   (3)

    (1)刑法   (2)貪污治罪條例   (3)公職人員利益衝突迴避法   (4)未違反法令。

37.( ) 變壓器裝設防音壁的目的是   (2)

    (1)防止漏油 (2)降低噪音 (3)防止油劣化 (4)加強冷卻效果。

38.( ) 大型積鐵心變壓器之矽鋼片一般採用   (1)

    (1)多片搭接 (2)單片搭接 (3)多片對接 (4)單片對接。

39.( ) 下圖表示   (4)

    (1)三相比流器   (2)三相感應電壓調整器

    (3)三相曲折連接之接地變壓器   (4)三相單繞組變壓器。

40.( ) 對於脊柱或頸部受傷患者,下列何者不是適當的處理原則? (1)如無合用的器材,需 2 人作徒手搬運 (2)速請醫師 (3)不輕易移動傷患 (4)向急救中心聯絡。   (1)

41.( ) 為確保變壓器有載分接頭切換器之運轉壽命,應增設   (4)

    (1)放壓裝置 (2)測溫電阻 (3)遮蔽板 (4)活線濾油機。

42.( ) 線圈捲繞時導體適度轉位,可使   (1)

    (1)線圈電阻平均 (2)絕緣電阻降低 (3)鐵損變小 (4)匝比正確。

43.( ) 24kV 級以下線圈製作完成後，入外殼組裝前必須事前乾燥致使其線圈對地絕緣電 (2)
阻達 (1)3000MΩ (2)1000MΩ (3)4000MΩ (4)2000MΩ 以上。

44.( ) 線圈接頭接續不良在運轉中會使 (2)
(1)電壓增加 (2)線圈局部過熱 (3)渦損增加 (4)電流增加。

45.( ) 單相 30kVA，3300V/110-220V 的變壓器，其一次側電流約爲 (3)
(1)20A (2)100A (3)9A (4)3A。

46.( ) 某 3300/110 伏特之單相變壓器，當高壓側之負載電流爲 10 安培時，其低壓側之 (4)
負載電流爲 (1)330 安培 (2)100 安培 (3)150 安培 (4)300 安培。

47.( ) ✡左圖表示 (4)
(1)六相曲折形 (2)六相正六邊形 (3)六相對徑 (4)六相雙三角形 接法。

48.( ) 69kV 變壓器心體裝桶後，其眞空時間應保持 (4)
(1)4 小時 (2)10 小時 (3)8 小時 (4)6 小時 後才注油。

49.( ) 有一變壓器高壓側爲 2000 匝，若欲將 10000 伏變爲 100 伏，則低壓側應爲 (1)
(1)20 匝 (2)200 匝 (3)2000 匝 (4)2 匝。

50.( ) 矽鋼片的比重大約爲 (1)7.65 (2)2.7 (3)3.44 (4)8.9。 (1)

51.( ) 漏油試驗時間至少 (4)
(1)4 小時以上 (2)12 小時以上 (3)2 小時以上 (4)8 小時以上 爲佳。

52.( ) 依中國國家標準(CNS)規定，變壓器銅損特性之計算，係以 (3)
(1)65℃ (2)85℃ (3)75℃ (4)105℃ 爲基準。

53.( ) 變壓器做短路試驗之目的爲獲得 (3)
(1)線圈電阻 (2)激磁電流 (3)阻抗電壓 (4)鐵損。

54.( ) 絕緣等級 20A 號(25kV)之套管，其沿面洩漏距離應爲 (3)
(1)490mm (2)290mm (3)590mm (4)390mm。

55.( ) 心體吊離桶面越高 (1)越不易傾倒 (2)越不穩 (3)越穩 (4)越安全。 (2)

56.( ) 變壓器做溫升試驗時，溫升電流應以 (1)
(1)最低 Tap (2)次高 Tap (3)最高 Tap (4)額定 Tap 爲依歸。

57.( ) 對電子煙的敘述，何者錯誤？ (3)
(1)含有尼古丁會成癮 (2)含有毒致癌物質
(3)可以幫助戒菸 (4)會有爆炸危險。

58.( ) 線圈含浸用凡立水的品質管理項目爲 (2)
(1)揮發性 (2)黏度及比重 (3)比重 (4)黏度。

59.( ) 表示物體之型狀或輪廓應用 (1)細實線 (2)粗實線 (3)細虛線 (4)粗虛線。 (2)

60.( ) 電器的絕緣電阻單位是 (1)仟歐姆 (2)百萬歐姆 (3)歐姆 (4)微歐姆。 (2)

複選題（每題 2 分，共 40 分）

61.(　) 某變壓器無載時變壓比為 30：1，接上功率因數滯後的負載後變壓比有可能為 (34)

　　(1)29.5：1　(2)29.8：1　(3)30.5：1　(4)30.2：1。

62.(　) 裝殼用之防潮板應具有何特性？　(1)耐水　(2)耐候　(3)耐油　(4)耐看。 (123)

63.(　) 一、二次線圈捲繞方向不同時，與何者無關？ (124)

　　(1)銅損　(2)鐵損　(3)極性　(4)激磁。

64.(　) 變壓器感應電壓試驗時間取決於其 (14)

　　(1)額定頻率　(2)容量　(3)絕緣電阻大小　(4)試驗頻率。

65.(　) 內鐵式與外鐵式變壓器之比較，下列何者為內鐵式的優點？ (124)

　　(1)較容易絕緣　(2)鐵損較小　(3)銅損較小　(4)磁路較短。

66.(　) 感應變壓器高壓側與低壓側之比較 (13)

　　(1)低壓側匝數少　(2)高壓側匝數少　(3)高壓側匝數多　(4)低壓側匝數多。

67.(　) 有關保護元件符號下列那些是正確 (24)

　　(1)─▭─ 開放型保險絲　　　　(2)⏚ 系統接地

　　(3)─〜─ 包裝保險絲　　　　(4)⏚ 設備接地。

68.(　) 變壓器矽鋼片切口防鏽液需具備 (134)

　　(1)與變壓器油的相容性佳　(2)乾燥時間長　(3)耐蝕性　(4)塗膜附著性佳。

69.(　) 那二個不屬於變壓器高壓套管的套件　(1)油封　(2)礙管　(3)腳架　(4)防潮板。 (13)

70.(　) 變壓器電氣特性主要由哪些構成　(1)水路　(2)電路　(3)油路　(4)磁路。 (24)

71.(　) 如圖變壓器極性試驗，開關 on 時瞬間，何者敘述為真 (34)

　　(1)電壓計顯示正時為加極性　　(2)電壓計顯示負時為減極性

　　(3)電壓計顯示負時為加極性　　(4)電壓計顯示正時為減極性。

72.(　) 變壓器繞組導體的轉位可分為 (123)

　　(1)圓盤型線圈的轉位　　　　(2)螺狀線圈的轉位

　　(3)圓筒線圈的轉位　　　　(4)平板狀線圈的轉位。

73.(　) 為使真空乾燥爐能順暢，應 (23)

　　(1)爐內需放油　(2)注意用電安全　(3)保持乾淨　(4)爐內要有木屑。

74.(　) 變壓器線圈以交互繞配置者 (23)

　　(1)適用於內鐵式變壓器　　　　(2)低壓側線圈靠近鐵軛

　　(3)適用於外鐵式變壓器　　　　(4)高壓側線圈靠近鐵軛。

75.(　　) 漏磁變壓器常用於 (134)

(1)交流電弧電焊機　(2)LED 燈　(3)霓虹燈變壓器　(4)水銀燈。

76.(　　) 常見乾式變壓器之絕緣等級區分有　(1)F 級　(2)H 級　(3)A 級　(4)B 級。 (12)

77.(　　) 分解變壓器線圈時需紀錄 (124)

(1)線徑大小　(2)圈數多寡　(3)絕緣種類　(4)變壓器規格。

78.(　　) 絕緣油需具備　(1)引火點高　(2)凝固點高　(3)絕緣能力高　(4)粘度高。 (13)

79.(　　) 若一次側匝數/二次側匝數比=a 下列敘述何者正確 (23)

(1)一次電流折算至二次側需除 a　　　　　(2)一次電壓折算至二次側需除 a

(3)一次側阻抗折算至二次側需除 a^2　　　　(4)二次側阻抗折算至一次側需除 a^2。

80.(　　) 內鐵式變壓器的特色那些是正確的 (13)

(1)鐵心一般成口字型　　　　　　　　　　(2)線圈繞在軛鐵

(3)鐵心在繞組的內部　　　　　　　　　　(4)用於高電壓高電流。

術科篇

乙級變壓器裝修技能檢定術科相關說明與考試流程

一　試題使用說明

(一) 本試題係依「試題公開」方式命題。主要在於測試應檢人是否具備下列各項技能：

1. 變壓器導線之彎曲、轉位、連接、加焊、壓接及絕緣包紮等基本工作方法。

2. 變壓器一次線圈、二次線圈之繞製及絕緣處理。

3. 變壓器鐵心之製作。

4. 變壓器附件之分解、組立及各零件之用途。

5. 變壓器心體之裝配及裝桶。

6. 變壓器之試驗及儀表使用。

7. 變壓器一次線圈引出線至切換器之連接，二次線圈引出線至套管之連接。

8. 變壓器一次側及二次側之結線。

9. 變壓器之故障檢測。

10. 變壓器冷卻風扇控制電路之裝配、檢修。

(二) 本試題一套共六題，採公開方式，由術科測試編號最小號應檢人由一至六題抽出其測試題目後，進入辦理單位排定之該題對應崗位，其餘應檢人則依序循環應試，若有遲到或缺考者仍應依序號測試，不往前遞補。(例如：測試編號最小號應檢人抽到第五題，下一個編號之應檢人測試第六題，再下一個編號則測試第一題，其餘依此類推。)

(三) 術科測試辦理單位試題準備說明：

1. 辦理單位應按設備表及材料表準備，如實際機具與設備表稍異，由場地管理人員視實際需要調整，但不能偏離試題主體。如偏離主體，監評人員應要求辦理單位立即改善缺失，如缺失確實無法於一小時內改善符合試題或辦理單位拒絕改善，監評人員應拒絕監評工作。

2. 備妥適當之電源以供應檢人焊接、試驗及檢修用。

3. 各題之材料供給應依試題內容所示做適量供給，不可過多或過少。

4. 辦理單位應依應檢人數準備試題，提供應檢人參考。

5. 準備試題每次以一至六題為原則，若應檢人數不足六人，仍須準備六題，若應檢人數每超出六人，即應再準備試題一套(六題)。

6. 本試題之檢定時間為三小時，於時間內作業完成者得先離開試場，但不得再進入試場；時間終了所有應檢人應立即離開試場，未完成者以未完工論。

7. 辦理單位應於術科測試前14天將應檢人須知、應檢人自備工具參考表及全部試題寄給應檢人。

8. 辦理單位安排術科測試試務事宜，每一日為 2 場次，每一場次為 18 崗位。

9. 檢定時，每一場次崗位數在 18 人以內時，應聘監評人員 3 人；並應安排試務人員 1 人、場地管理人員 1 人、場地服務人員 4 人。

10. 辦理單位應準備相關設備辦理網路版電子抽籤，網路因故無法連線時，應改採用單機版電子抽籤。

11. 由監評人員主持公開抽題(無監評人員親自在場主持抽題時，該場次之測試無效)，術科測試現場應準備電腦及印表機相關設備各一套，術科測試辦理單位依時間配當表辦理抽題，場地試務人員並將電腦設置到抽題操作介面，會同監評人員、應檢人，全程參與抽題，處理電腦操作及列印簽名事項。

二 應檢人員須知

(一) 檢定工作內容：

1. 本套題目共為 6 題，含單相、三相變壓器之鐵心、線圈製作、附件組立、裝桶、試驗、故障檢測及冷卻控制電路系統裝配等工作。
2. 應檢人員應按所抽之檢定崗位及試題，依試題內容完成各項工作。

(二) 檢定時間：3 小時。

(三) 注意事項：

1. 工作時應按照正確工作方法，選擇適當之工具施工。
2. 測試開始前，應檢人應自行檢查所需器具、材料是否良好，如有問題應立即提出，依檢定場地規定處理，否則一律視為應檢人之疏忽，按評審表所列項目評審；但應檢人所攜帶之工具或儀表無法測試，並經監評人員認定者不在此限。
3. 有下列行為者視為作弊，成績以不及格論：
   (1) 私自夾帶任何圖說、器材或配件入場。
   (2) 將試場內所發之器材、圖說攜出場外。
4. 應檢人於術科測試前或術科測試進行中，有下列各款情事之一者，取消其應檢資格，予以扣考，不得繼續應檢：
   (1) 不遵守考場規定，不聽監評人員勸導者。
   (2) 相互討論，協助他人工作或由他人代做者。
   (3) 未注意工作安全，致使自身或他人無法繼續工作者。
   (4) 妨害他人工作或在場內大聲喧嘩者。
   (5) 吸煙、吃檳榔、隨地吐痰者。
5. 應檢人應著長褲工作服，並戴電工安全帽，未依規定穿著者，不得進場應試，其術科成績以不及格論。
6. 應檢人因好奇、疏忽或故意，致使器具或設備損壞者，除以不及格論外，並應負賠償責任。
7. 測試時間開始後逾十五分鐘尚未進場者，不准進場應檢。
8. 其他有關事項於現場說明。
9. 其他未盡事宜依據技術士技能檢定相關法規辦理。

三　術科測驗場地機具設備表

檢定職類	變壓器裝修		級別	乙級	每場檢定人數		18 人
項目	名稱	規格			單位	數量	備註
1	圖模	如第一題工作圖			塊	3	
2	氣焊設備	小型			套	3	
3	壓接工具	60～80mm²			支	6	
4	剪線鉗	450mm 以上			支	6	
5	折彎器	300mm			支	6	
6	直尺	600mm			支	6	
7	木槌或膠槌	中型			支	12	
8	瓦斯噴燈	卡式			支	3	
9	木模	如第二題工作圖			組	3	
10	繞線機	配合第二題繞線圈用			套	3	
11	鐵心	配合第二題線圈測試電壓比用			個	3	
12	矽鋼片	三相、內鐵 3kVA 附夾件			套	3	
13	平板	300mm² 以上			塊	3	
14	虎鉗	150mm			只	1	
15	線圈	配合第 10 項鐵心測試激磁電流用			個	3	
16	瓦特表	200V，500W			個	9	
17	電流表	AC 5A			只	12	
18	電壓表	AC 150V/300V			個	12	
19	高阻計	500V，100MΩ			個	3	
20	可調變壓器	單相 0～260V，6A			台	6	
21	可調變壓器	三相 0～260V，20A			台	3	
22	變壓器	單相 10kVA，6.6kV～120/240V			台	6	浸油、不浸油各 3 台
23	變壓器	三相 3kVA，660V～240V			台	3	
24	起重設備	500kg 以上			組	3	
25	按鈕開關	AC 220V，1a1b			個	21	
26	指示燈	AC 220V			個	18	
27	電力電驛	AC 220V，2a2b			個	18	
28	選擇開關	1a1b			個	6	
29	電力電驛	AC 220V，3a3b			個	6	
30	蜂鳴器	AC 220V			個	3	
31	無熔絲開關	3P，20A			個	3	
32	栓型保險絲	5A			個	6	
33	電磁開關	3P，1HP，220V 附積熱電驛			個	6	

(續前表)

檢定職類	變壓器裝修		級別	乙級	每場檢定人數		18 人
項目	名稱	規格			單位	數量	備註
34	按鈕開關	ON(綠色)1a1b			個	3	
35	按鈕開關	OFF(紅色)1a1b			個	3	
36	輔助電驛	220V，2a2b			個	3	
37	限時電驛	220V，ON DELAY TIMER			個	3	
38	端子台	12T × 20A			個	6	
39	端子台	3T × 30A			個	9	
40	指示燈	220V，紅、黃、白、綠各 1 個，黃 7 個			組	3	
41	香蕉頭測試線	需耐電流 3A 以上			條	120	長度依考場設備需求調整

四 應檢人員自備工具參考表

項目	名稱	規格	單位	數量	備註
1	三用電表	ACV、DVC、Ω	只	1	
2	電工鉗	6″或 8″	支	1	
3	尖嘴鉗	6″	支	1	
4	斜口鉗	6″	支	1	
5	剝線鉗	1.0mm～3.2mm	支	1	
6	壓接鉗	1.25mm^2～5.5mm^2	支	1	
7	十字起子	6″	支	1	
8	一字起子	6″	支	1	
9	剪刀	4″	支	1	
10	銼刀	小型	組	1	
11	活動扳手	6″	支	2	
12	簽字筆	細字用	支	1	

五 材料供給表

(6 人份)

項目	名稱	規格	單位	數量	備註
1	裸平角銅線	2 × 15mm (±20%) × 1M	條	2	1～13 項為第一題材料
2	裸平角銅線	2 × 7 mm（±20%）× 1M	條	4	
3	薄銅片	1 × 30 × 50mm	塊	1	
4	錫焊條	含錫 60% × 100g	條	1	
5	焊油	100g	罐	1	
6	銀焊條	含銀 15% × 100g	條	1	
7	硼砂粉	100g	罐	1	
8	壓接端子	配合第 1 項平角銅線	個	2	
9	圓裸銅線	1.2mm	M	2	
10	皺紋紙帶	0.13 × 25mm	M	2	
11	白膠	300g	罐	1	
12	透明膠帶	0.13 × 10mm × 20M	卷	1	
13	棉紗帶	AA × 1″	卷	1	
14	紙包銅線	1.4 × 4.5mm	kg	2	14～27 項為第二題材料
15	漆包銅線	1.2mm	kg	2	
16	棉紗帶	AA × 1″	卷	1	
17	鐵心絕緣紙	0.5 × 163 × 1M	張	1	
18	二次層間絕緣紙	0.13 × 163 × 600mm	張	3	
19	一次層間絕緣紙	0.13 × 163 × 600mm	張	3	
20	二次邊絕緣紙	3.2 × 10 × 100mm	張	8	或紅紙板 16 片
21	一次邊絕緣紙	2.0 × 10 × 100mm	張	8	或紅紙板 16 片
22	外周絕緣紙	0.13 × 163 × 600mm	張	2	
23	一、二次層間絕緣紙	0.13 × 163 × 600mm	張	3	
24	臘套管	4mm ϕ × 1M	支	1	
25	臘套管	2mm ϕ × 1M	支	1	
26	皺紋紙帶	0.13 × 25mm	M	2	
27	白膠	300g	罐	1	
28	透明膠帶	0.13 × 10mm × 20M	卷	1	28～31 項為第三題材料
29	棉紗帶	AA × 1″	卷	1	
30	裸銅線	1.2mm	M	5	
31	白膠	300g	罐	3	

(續前表)

項目	名稱	規格	單位	數量	備註
32	絕緣套管	2mm × 1M	支	4	32～41 項為第四題材料
33	絕緣套管	8mm × 0.5M	支	2	
34	PVC 電線	2mm^2	M	1	
35	圓裸銅線	1.2mmϕ	M	2	
36	壓接端子	1.25～6mm^2－O 型	包	1	
37	壓接端子	1.25～4mm^2－Y 型	包	1	
38	皺紋紙帶	0.13 × 25mm	M	2	
39	焊錫	含焊 60% × 100g	條	1	
40	焊油	100g	罐	1	
41	白膠	300g	罐	1	
42	裸平角銅線	2 × 15mm (±20%)	M	2	42 項～50 項為第五題材料
43	壓接端子	配合第 42 項平角銅線	個	12	
44	圓裸銅線	1.2mmϕ	M	4	
45	壓接端子	1.25～6mm^2－O 型	包	1	依場地調整
46	壓接端子	1.25～4mm^2－Y 型	包	1	依場地調整
47	絕緣套管	2mmϕ × 1M	支	4	
48	PVC 電線	5.5mm^2(黑色線)	CM	50	
49	皺紋紙帶	0.13 × 25mm	M	5	
50	白膠	300g	罐	1	
51	PVC 電線	1.25mm^2(黃色線)	捲	1	51～54 項為第六題材料
52	PVC 電線	3.5mm^2(黑色線)	M	5	
53	壓接端子	3.5mm^2－Y 型	包	1	
54	壓接端子	1.25mm^2－Y 型	包	1	

（六）評審表

技術士技能檢定變壓器裝修職類乙級術科測試評審表(第一題)

姓　　名		檢定崗位		評審結果	
檢定編號		場　　次			
試題編號	032-850201	檢定日期		年　　月　　日	

A.嚴重項目：有下列任一項缺點評為不及格	缺點以╳為之
1.未能在規定時間內完工	
2.未按圖施工	
3.工作方法嚴重錯誤	
4.內部平角銅線未作轉位或轉位錯誤	
5.成品尺寸有任一處誤差超過±20%	
6.B.主要項目及 C.次要項目缺點合計達七個	
7.由監評小組列舉事實認定為嚴重缺點	
8.未注意安全致使自身或他人受傷而無法繼續工作	
9.其他：	

B.主要項目：累積下列達五個(含)缺點評為不及格	缺點以╳為之
1.成品尺寸誤差超過±10%(每處記一個缺點，累計)	
2.成品 A1～A4 部份焊接方法錯誤(每處記一個缺點，累計)	
3.平角銅線連接時未作斜角 30°對接(每處記一個缺點，累計)	
4.A3 部份之接續銅片接口未留空隙	
5.壓接端子內部未填充銅線或只填充一片(每只記一個缺點，累計)	
6.端子壓接方向錯誤(每只記一個缺點，累計)	
7.絕緣包紮位置錯誤(每處記一個缺點，累計)	
8.絕緣未作 $\frac{1}{2}$ 重疊包紮一回	
9.絕緣未作預留尺寸包紮(每處記一個缺點，累計)	
10.A5 部份固定錯誤	
主要項目缺點合計	個

C.次要項目：累積下列達七個(含)缺點評為不及格	缺點以×為之
1.平角銅線成型時 90°變曲不良(每處記一個缺點，累計)	
2.轉位不良或不平整。(每處記一個缺點，累計)	
3.銅線損傷	
4.平角銅線直線部份未平直	
5.成品尺寸差超過±5%(每處記一個缺點，累計)	
6.平角銅線連接時斜角 30°對接不良(每處記一個缺點，累計)	
7.銀焊不良(每處記一個缺點，累計)	
8.錫焊不良	
9.接續銅片接口不良	
10.端子壓接不良(每處記一個缺點，累計)	
11.絕緣包紮厚度不同	
12.絕緣包紮鬆弛	
13.成品固定不當	
14.工具使用不當	
15.工作完畢場地未作清理	
16.未注意工作安全而致傷人或傷物，但不影響測試	
次要項目缺點合計	個

監評長簽章：　　　　　　　　　　監評人員簽章：

(請勿於測試結束前先行簽名)

技術士技能檢定變壓器裝修職類乙級術科測試評審表(第二題)

姓　　名		檢定崗位		評審結果		
檢定編號		場　　次				
試題編號	032-850202	檢定日期		年	月	日

A.嚴重項目：有下列任一項缺點評為不及格	缺點以✕為之
1.未能在規定時間內完工	
2.未按圖施工	
3.工作方法嚴重錯誤	
4.線圈有短路、斷路或接地現象	
5 圈數誤差超過±0.5%	
6 二次線圈未轉位	
7.B.主要項目及 C.次要項目缺點合計達七個	
8 由監評小組列舉事實認定為嚴重缺點	
9.未注意安全致使自身或他人受傷而無法繼續工作	
10.其他：	

B.主要項目：累積下列達五個(含)缺點評為不及格	缺點以✕為之
1.線圈兩端未放置端邊絕緣	
2.上、下層線圈間未放置層間絕緣(每處記一個缺點，累計)	
3.高、低壓間層間絕緣不足	
4.二次線圈轉位不良	
5.高、低壓側線圈引出線位置錯誤	
6.鐵心絕緣不足	
7.未做外周保護絕緣(含棉紗帶纏繞)	
8.線圈引出線未折 90 度或未加套管絕緣(每處記一個缺點，累計)	
9.線圈引出線未出棉紗帶固定(每處記一個缺點，累計)	
主要項目缺點合計	個

C.次要項目：累積下列達七個(含)缺點評為不及格	缺點以×為之
1.鐵心絕緣捲始或捲終位置錯誤	
2.端邊絕緣參差不齊	
3.層間絕緣參差不齊	
4.引出線尺寸錯誤(每處記一個缺點，累計)	
5.引出線固定不牢固(每處記一個缺點，累計)	
6.高、低壓側引出線絕緣參差不齊	
7.外周保護絕緣固定不牢固	
8.導線有刮傷現象	
9.線圈鬆弛、或變形	
10.成品不潔	
11.工具使用不當	
12.工作完畢場地未作清理	
13.未注意工作安全而致傷人或傷物，但不影響測試	
次要項目缺點合計	個

監評長簽章：　　　　　　　　　　監評人員簽章：

(請勿於測試結束前先行簽名)

技術士技能檢定變壓器裝修職類乙級術科測試評審表(第三題)

姓　　名		檢定崗位		評審結果
檢定編號		場　　次		
試題編號	032-850203	檢定日期		年　　月　　日

A.嚴重項目：有下列任一項缺點評為不及格	缺點以✕為之
1.未能在規定時間內完工	
2.未按圖施工	
3.工作方法嚴重錯誤	
4.鐵心未裝激磁線圈	
5.鐵心激磁電流大於額定 30%	
6.B.主要項目及 C.次要項目缺點合計達七個	
7.由監評小組列舉事實認定為嚴重缺點	
8.未注意安全致使自身或他人受傷而無法繼續工作	
9.其他：	

B.主要項目：累積下列達五個(含)缺點評為不及格	缺點以✕為之
1.鐵心腳矽鋼片未緊密	
2.鐵心腳未用棉紗帶 $\frac{1}{2}$ 重疊固定	
3.鐵心腳疊積交叉錯誤	
4.兩鐵心腳間之距離過大或過小	
5.軛鐵過高或過低	
6.軛鐵疊積交叉錯誤	
7.鐵心與夾件間未做絕緣隔離	
8.夾件鬆動	
9.激磁電流大於額定 20%	
10.以金屬工具敲打矽鋼片	
主要項目缺點合計	個

C.次要項目：累積下列答七個(含)缺點評為不及格	缺點以×為之
1.鐵心腳矽鋼片有彎曲或彎形	
2.鐵心腳固定不牢固	
3.鐵心腳矽鋼片有高低不平現象	
4.軛鐵矽鋼片有彎曲或變形	
5.軛鐵矽鋼片有高低不平現象	
6.軛鐵矽鋼片左、右有參差不齊現象	
7.鐵心與夾件間絕緣不良	
8.夾件螺絲未鎖緊(每處記一個缺點，累計)	
9.夾件螺絲碰觸鐵心	
10.激磁電流大於額定 10%	
11.鐵心鬆弛	
12.成品不潔	
13.工具使用不當	
14.工作完畢場地未作清理	
15.未注意工作安全而致傷人或傷物，但不影響測試	
次要項目缺點合計	個

監評長簽章：　　　　　　　　　　　監評人員簽章：

(請勿於測試結束前先行簽名)

技術士技能檢定變壓器裝修職類乙級術科測試評審表(第四題)

姓　　名		檢定崗位		評審結果
檢定編號		場　　次		
試題編號	032-850204	檢定日期	年　　月　　日	

A.嚴重項目：有下列任一項缺點評為不及格	缺點以✕為之
1.未能在規定時間內完工	
2.未按圖施工	
3.工作方法嚴重錯誤	
4.高壓側切換器接續位置不能切換	
5.線圈引出線至切換器固定位置錯誤	
6.全部未作記錄	
7.開路試驗時有開路、短路或漏電現象	
8.B.主要項目及 C.次要項目缺點合計達七個	
9.由監評小組列舉事實認定為嚴重缺點	
10.未注意安全致使自身或他人受傷而無法繼續工作	
11.其他：	

B.主要項目：累積下列達五個(含)缺點評為不及格	缺點以✕為之
1.切換器接續或切換不良	
2.高壓套管之引出線與夾線頭未做焊錫連結	
3.高壓套管之引出線終端未做壓接	
4.高壓套管未加襯墊或襯墊位置錯誤	
5.低壓套管未加襯墊或襯墊位置錯誤	
6.低壓套管之零件位置未一致	
7.低壓套管安裝位置錯誤	
8.線圈引出線至切換器絕緣不良(含導線與導線或外殼碰觸) (每處記一個缺點，累計)	
9.線圈引出線至切換器參差不良	
10.二次線圈接續不良	
11.二次線圈接續處絕緣處理不當	
12.記錄錯誤(每處記一個缺點，累計)	
主要項目缺點合計	個

C.次要項目：累積下列達七個(含)缺點評為不及格	缺點以×為之
1.切換器之組裝，螺絲或螺帽未鎖緊(每處記一個缺點，累計)	
2.切換器之螺帽或墊片位置或數量錯誤(每處記一個缺點，累計)	
3.高壓套管之引出線，焊接或壓接不良(每處記一個缺點，累計)	
4.高壓套管之襯墊固定不良	
5.高壓套管之螺絲或螺帽未鎖緊	
6.高壓套管之螺帽或墊片位置或數量錯誤	
7.低壓套管之襯墊固定不良	
8.低壓套管之螺絲或螺帽未鎖緊(每處記一個缺點，累計)	
9.低壓套管之螺帽或墊片位置或數量錯誤(每處記一個缺點，累計)	
10.套管固定方向錯誤(每處記一個缺點，累計)	
11.入桶心體未就定位	
12.外蓋襯墊固定不良	
13.成品不潔	
14.工具使用不當	
15.工作完畢場地未作清理	
16.未注意工作安全而致傷人或傷物，但不影響測試	
次要項目缺點合計	個

監評長簽章：　　　　　　　　　　　監評員簽章：

(請勿於測試結束前先行簽名)

技術士技能檢定變壓器裝修職類乙級術科測試評審表(第五題)

姓　　名		檢定崗位		評審結果
檢定編號		場　　次		
試題編號	032-850205	檢定日期	年　　月　　日	

A.嚴重項目：有下列任一項缺點評為不及格	缺點以×為之
1.未能在規定時間內完工	
2.一次側或二次側結線錯誤	
3.未按圖施工	
4.工作方法嚴重錯誤	
5.線圈引出線至切換器固定位置錯誤	
6.全部未作記錄	
7.試驗時有開路、短路、或漏電現象	
8.B.主要項目及 C.次要項目缺點合計達七個	
9.由監評小組列舉事實認定為嚴重缺點	
10.未注意安全致使自身或他人受傷而無法繼續工作	
11.其他：	

B.主要項目：累積下列達五個(含)缺點評為不及格	缺點以×為之
1.高壓線圈引出線未做壓接(每處記一個缺點，累計)	
2.高壓線圈引出線至切換器參差不齊(每處記一個缺點，累計)	
3.高壓線圈引出線至切換器絕緣不良(每處記一個缺點，累計)	
4.低壓引出線端子壓接錯誤(每處記一個缺點，累計)	
5.低壓引出線端子固定錯誤(每處記一個缺點，累計)	
6.低壓引出線彎曲不良(每處記一個缺點，累計)	
7.低壓引出線絕緣包紮不當(每處記一個缺點，累計)	
8.低壓引出線過長或過短(每處記一個缺點，累計)	
9.記錄錯誤(每處記一個缺點，累計)	
主要項目缺點合計	個

C.次要項目：累積下列達七個(含)缺點評為不及格	缺點以×為之
1.切換器之組裝，螺絲或螺帽未鎖緊(每處記一個缺點，累計)	
2.切換器之螺帽或墊片位置或數量錯誤	
3.高壓引出線端子固定不當(每處記一個缺點，累計)	
4.高壓引出線端子壓接不當(每處記一個缺點，累計)	
5.高壓引出線過長或過短	
6.低壓套管襯墊固定不良(每處記一個缺點，累計)	
7.低壓套管之螺絲或螺帽未鎖緊(每處記一個缺點，累計)	
8.低壓套管之螺帽或墊片位置或數量錯誤	
9.低壓引出線端子壓接不當(每處記一個缺點，累計)	
10.低壓引出線絕緣包紮鬆弛	
11.低壓引出線未垂直或水平	
12.高壓引出線有碰觸(每處記一個缺點，累計)	
13.成品不潔	
14.工具使用不當	
15.工作完畢場地未作清理	
16.未注意工作安全而致傷人或傷物，但不影響測試	
次要項目缺點合計	個

監評長簽章：　　　　　　　　　　　　監評員簽章：

(請勿於測試結束前先行簽名)

技術士技能檢定變壓器裝修職類乙級術科測試評審表(第六題)

姓　　名		檢定崗位		評審結果	
檢定編號		場　　次			
試題編號	032-850206	檢定日期		年　　月　　日	

A.嚴重項目：有下列任一項缺點評為不及格	缺點以✕為之
1.未能在規定時間內完工	
2.未按圖施工。	
3.功能錯誤	
4.工作方法嚴重錯誤	
5.有斷路、短路、或漏電情形	
6.主電路或控制電路完全未作壓接	
7.全部配線未經線槽配置	
8.B.主要項目及C.次要項目缺點合計達七個	
9.由監評小組列舉事實認定為嚴重缺點	
10.控制線未經過門端子台	
11.未注意安全致使自身或他人受傷而無法繼續工作	
12.其他：	

B.主要項目：累積下列達五個(含)缺點評為不及格	缺點以✕為之
1.主電路導體損傷或斷股	
2.導體線徑不足	
3.電驛設定不當，但不影響主要功能	
4.導體選色錯誤	
5.主電路未使用壓接端子(每只記一個缺點，累計)	
6.控制電路未使用壓接端子(每3只記一個缺點，未達3只以3只計，累計)	
7.施工不良損傷器具，但不影響功能	
8.配線雜亂	
9.部分配線未經線槽配置(每2條記一個缺點，未達2條以2條計，累計)	
10.成品中遺留導體	
主要項目缺點合計	個

C.次要項目：累積下列達七個(含)缺點評為不及格	缺點以×為之
1.導線絕緣皮損傷或剝離不當(每 3 處記一個缺點，未達 3 處以 3 處計，累計)	
2.導線分歧不當(每處記一個缺點，累計)	
3.導線壓接不當(每 2 只記一個缺點，未達 2 只以只計，累計)	
4.導線固定不當(每處記一個缺點，累計)	
5.配線超出板面	
6.工具使用不當	
7.工作完畢場地未作清理	
8.未注意工作安全而致傷人或傷物，但不影響測試	
次要項目缺點合計	個

監評長簽章： 監評人員簽章：

(請勿於測試結束前先行簽名)

（七）術科測試時間配當表

每一檢定場，每日排定測試場次為上、下午各乙場，程序表如下：

時間	內容	備註
07：30～08：00	1. 監評前協調會議(含監評檢查機具設備)。 2. 應檢人報到完成。	
08：00～08：30	1. 應檢人抽題及工作崗位。 2. 場地設備及供料、自備機具及材料等作業說明。 3. 測試應注意事項說明。 4. 應檢人試題疑義說明。 5. 應檢人檢查設備及材料。 6. 其他事項。	
08：30～11：30	1. 第一場測試 2. 監評術科評審	檢定時間 3 小時
11：30～12：00	監評術科評審及成績登錄	
12：00～12：30	1. 監評人員休息用膳時間 2. 第二場應檢人報到	
12：30～13：00	1. 應檢人抽題及工作崗位。 2. 場地設備及供料、自備機具及材料等作業說明。 3. 測試應注意事項說明。 4. 應檢人試題疑義說明。 5. 應檢人檢查設備及材料。 6. 其他事項。	
13：00～16：00	1. 第二場測試 2. 監評術科評審	檢定時間 3 小時
16：00～16：30	監評術科評審及成績登錄	
16：30～17：00	召開檢討會(監評人員及術科測試辦理單位視需要召開)	

術科測驗試題說明

一 基本工作(032-850201)

※相關知識：

變壓器乙級的基本工作法包括：平角銅線的彎曲與轉位、焊接、絕緣包紮等。說明如下：

一、轉位：轉位的目的在於使用二條以上導線繞製線圈時，應使每條線圈的總長度相等，讓線圈電阻平均分配，以降低銅損。在實行轉位時，轉位次數應與導體數一致，並在轉位處加強絕緣處理。

二、焊接：大電流之粗銅線接線最好的方式是使用銀焊。銀焊條是使用銀銅比例製成，銀焊時焊接處都會先以硼酸清洗乾淨，再進行焊接。而其熔接溫度與含銀量有關，含銀量若越高，則熔接溫度越低，焊接成功率愈高，一般而言銀焊熔接溫度約 650～800℃。

三、絕緣包紮：皺紋紙主要是用來做包紮銅線絕緣，為了防止導體紙間有局部針孔存在，絕緣紙至少需重疊 2 張，故使用皺紋紙帶至少需重疊1/2 ，以取代重疊 2 張的絕緣紙。

四、器具介紹：如圖說明

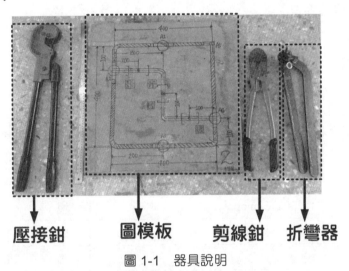

壓接鉗　　**圖模板**　　**剪線鉗**　**折彎器**

圖 1-1　器具說明

※作業說明：

一、成形：

(一) 依辦理單位提供之圖模和平角銅線，製成變壓器之引出線，如圖 1-1。

(二) 成型時周圍以 2 × 15mm 平角銅線製作，內部以 2 × 7mm 平角銅線 4 條並聯製作。

(三) 平角銅線之彎曲或轉位，不得損傷銅線。

(四) 平角銅線各部份之成品尺寸，誤差不得超過±20%。

二、焊接：

(一) 圖 1-2 處 A1 以銀腊焊對接，A2 與 A4 處以銀腊焊搭接，A3 處以錫焊加接線續銅片對接。

(二) 對接時只需接線上方一條平角銅線即可，接續處須以斜角 30°對接。

(三)錫焊連接時，接續銅片以長度須大於二倍平角銅線之寬度。

(四)接續銅片中間須留 1～2mm 之空隙，且接縫朝上，以利加焊。

(五)焊接必須完整，不得有冷焊或突角等現象。

三、壓接：

(一)A5 處須以端子壓接。

(二)壓接時端子內部須填充銅線兩片，以求壓接牢固，接續良好。

(三)填充之銅線需與端子套管長度等齊，不得過長或過短。

(四)端子壓著一律正面朝上。

四、絕緣包紮：

(一)外圍之平角銅線，除焊接、壓接及轉彎位置外，整條以皺紋紙帶 1/2 重疊包紮一回。

(二)包紮時 A1 至 A4 位置各接續處兩端各留 10mm 不做包紮，直角位置兩端各留 20mm 不做包紮。

(三)絕緣包紮須緊密，厚度須相同。

五、固定：

(一)A5 處如圖示用螺絲固定。

(二)固定時螺帽須朝上方，並放置平墊圈及彈簧墊圈。

(三)固定須確實牢固。

※材料供給表：

項目	名稱	規格	單位	數量	備註
1	裸平角銅線	2 × 15mm (±20%) × 1M	條	2	
2	裸平角銅線	2 × 7 mm（±20%）× 1M	條	4	
3	薄銅片	1 × 30 × 50mm	塊	1	
4	錫焊條	含錫 60% × 100g	條	1	
5	焊油	100g	罐	1	
6	銀焊條	含銀 15% × 100g	條	1	
7	硼砂粉	100g	罐	1	
8	壓接端子	配合第一項平角銅線	個	2	
9	圓裸銅線	1.2mm	M	2	
10	皺紋紙帶	0.13 × 25mm	M	2	
11	白膠	300g	罐	1	
12	透明膠帶	0.13 × 10mm × 20M	卷	1	
13	棉紗帶	AA × 1"	卷	1	

※施作說明：

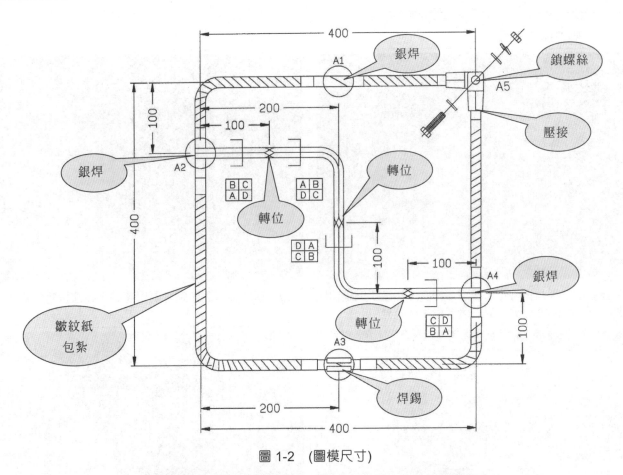

圖 1-2　(圖模尺寸)

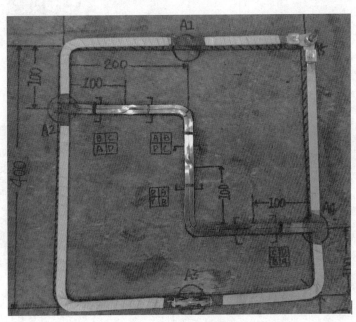

圖 1-3　(完成圖)

一、成形

(一) 外圈(2×15mm 平角銅線)施作流程：

1. 整線與劃記說明

先將 2×15mm 平角銅線用木槌敲平打直，然後將銅線剪成
兩段，一段至少 60 公分，另一段至少 100 公分

先做小段彎曲，先將銅線對齊起點，在欲折彎處畫上記號

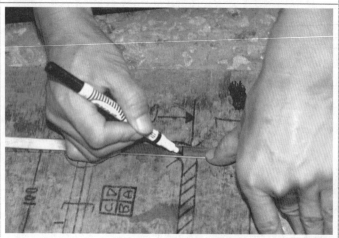

※注意：此記號為以圖模板彎曲角內緣為基準，畫上記號

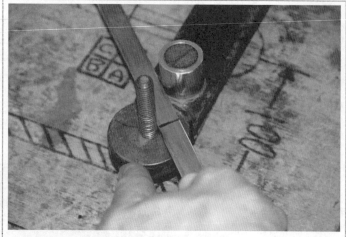

平角銅線折彎記號對準折彎口之中間螺牙

套上把手，注意折彎的方向是以紅框處圓螺絲來決定。蓋上
折彎器彎把並旋緊，旋緊後需鬆開 1/4 圈，以避免旋太緊將
無法折彎

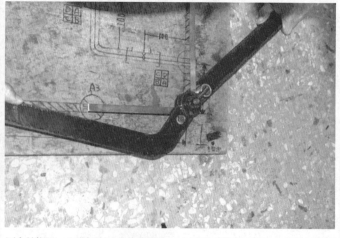

以折彎器，須隨時比對圖模板，以免折彎角度過大故折彎過
程如太緊，僅需將折彎器回折，將螺絲調鬆即可

完成第一段 60 公分 L 型折彎

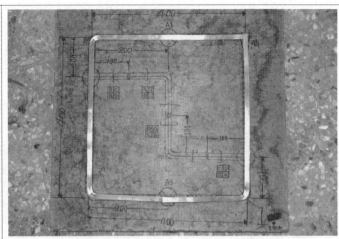

第二段照步驟施工,即可將外圈完成

(二) 內圈(2×7mm 平角銅線)施作流程:

1. 整線與轉位說明

首先將 2×7mm 平角銅線用木槌敲平打直,以利彎曲作業

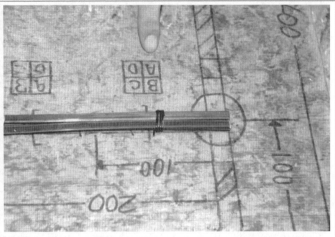

四根 2×7mm 平角銅線疊成 2/2,並用銅絲綁緊兩兩相疊

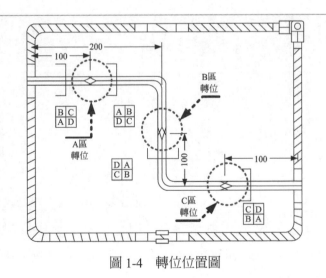

圖 1-4　轉位位置圖

腳踩線頭,將 A 銅線在折彎區內用兩支電工鉗夾住,B 電工鉗不動,A 電工鉗向上彎曲 45 度

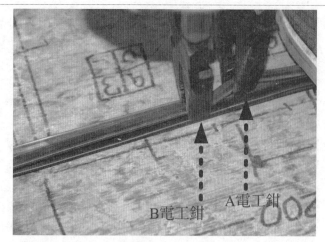

折彎後的 A 電工鉗位置不動,將 B 電工鉗移到 A 的前端再往下折彎 45 度,與 B 銅線重疊

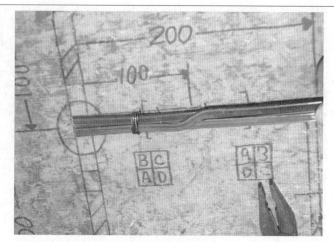

四根平角銅線翻面,照剛才步驟由下往上,將 C 導線夾住,再作一次轉位處理即完成 A 區轉位

2. 90 度折彎說明

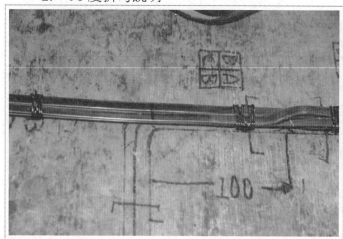

A 區轉位完成後,用裸銅線綁緊。在約 10cm 處再用裸銅線綁緊

在圖模轉彎處用麥克筆標記符號,折彎過程如外圈折彎說明。折彎過程中需要隨時比對圖模尺寸

最後完成 B 區轉位、折彎、C 區轉位,並將多餘的導線剪斷

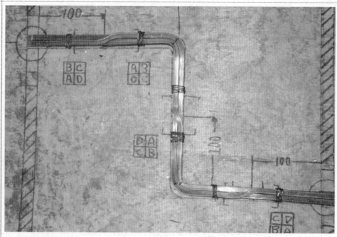

轉位與折彎完成圖,角銅線各部分之成品尺寸,誤差不得超過±20%

二、焊接

(一) 焊接說明

本題共有四處需要作焊接處理,分別是 A1 為銀蠟焊對接,A2 與 A4 為銀蠟焊搭接,A3 為錫焊加接續銅片對接,接下來將針對各焊接部位作詳細說明。

A1對接銀蠟焊

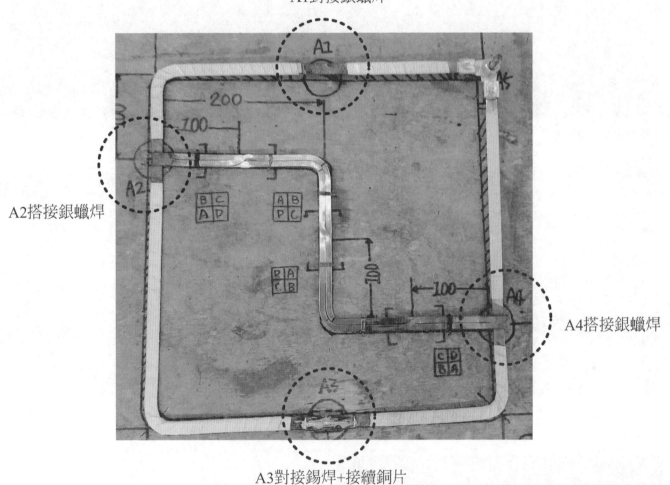

A2搭接銀蠟焊

A4搭接銀蠟焊

A3對接錫焊+接續銅片

四周皆銀蠟焊

接續銅片

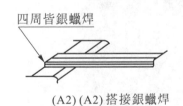

(A1) 對接銀蠟焊

(A2) (A2) 搭接銀蠟焊

(A3) 對接錫焊

【對接銀蠟焊】

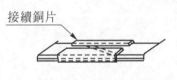

【搭接銀蠟焊】

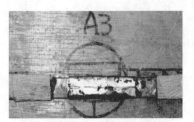

【對接錫焊+接續銅片】

1. 外圈銀蠟焊說明

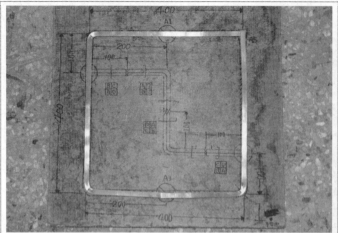

外圈銅線對齊圖模板

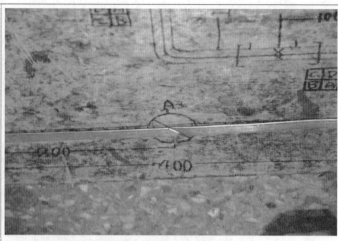

在 A3 處裁剪 30°(斜角 30°裁剪)

放置鐵架並用耐火磚固定

氣焊點火：點火時先開乙炔氣，點燃後會出現黑煙，此時再加入氧氣並調整火焰

調整火焰大小，對切口處加熱，等銅片出現火紅色時，將銀焊條抹在切口處，毛細作用會使焊錫均勻滲入切口。注意：一定要等銅片出現火紅色時才可抹焊條，若溫度太低易造成焊接不良

2. 外圈接續銅片錫焊說明

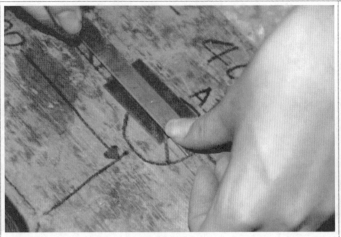

接續銅片長度須為 2 倍銅線寬度(3 公分以)以上，裁剪後，放置於平角銅線下方置中的位置，並在重疊邊緣處兩邊用簽字筆畫線

將銅片用虎鉗夾住，用木槌敲成 90 度。取下換另一邊，亦敲成 90 度

將其放在接續銅片下方對齊切口處

用木槌將接續銅片敲平，中間須留 1～2mm 空隙

接縫朝上以利焊接，使用噴燈直接加熱

加熱後，移開噴燈，抹上焊錫，稍微將焊錫刮平，以求美觀均勻

3. 內圈銀蠟焊搭接說明

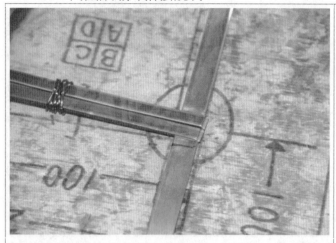

將外圈與內圈平角銅線放置於模圖板上對齊，在外圈重疊處標註記號

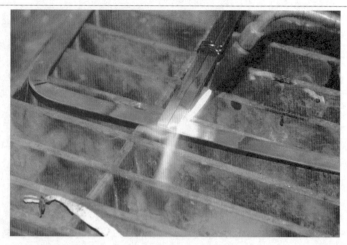

將內外圈平角銅線放置於鐵架上，並對齊標註記號。內圈銅線需固定並與外圈緊密接觸(用一物體壓住)

對切口處加熱，等上下兩側的平角銅線都成火紅色時，將銀焊條抹在連接處，毛細作用使焊錫均勻滲入

加熱過程，可依序從左邊加熱→焊接→中間加熱→焊接→右邊加熱→焊接。使兩側及中間焊接完成

三、壓接

(一) 壓接與固定操作說明

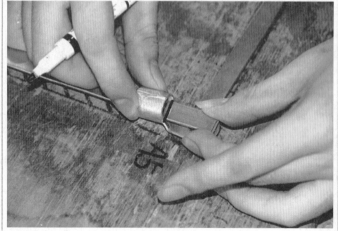

在圖模 A5 處進行端子壓接。在完成的平角銅線，套上壓接端子，畫上記號，再使用剪線鉗剪斷

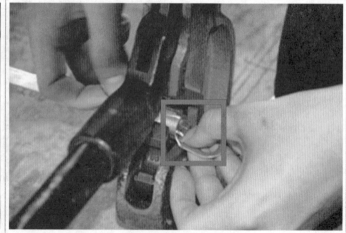

將端子放入壓接鉗壓接時，端子內部須填充 2 片銅片。銅片與壓接端子之套管長度等齊，以求端子壓接牢固，接續良好

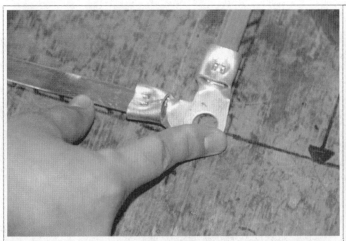

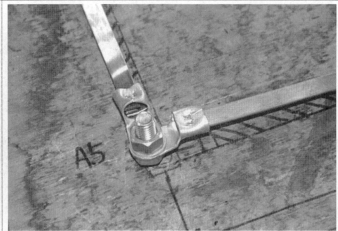

壓接完成	螺絲固定時螺帽須朝上方，並放置平墊圈及彈簧墊圈，固定牢固。

四、絕緣包紮

(一) 絕緣包紮說明

1. 外圍之平角銅線，除焊接、壓接及轉彎位置外，整條以皺紋紙帶 1/2 重疊包紮一回。
2. 包紮時 A1 至 A4 位置各接續處兩端各留 10mm 不做包紮，直角位置兩端各 20mm 不做包紮。
3. 絕緣包紮須緊密，厚度須相同。

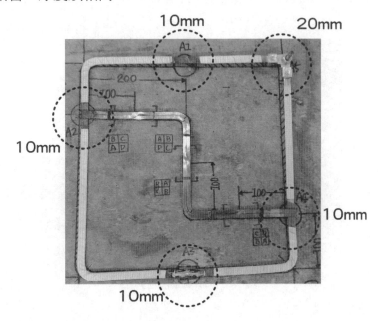

圖 1-5　A1-A5 及內部平角銅片不做絕緣包紮

4. 纏繞方式說明

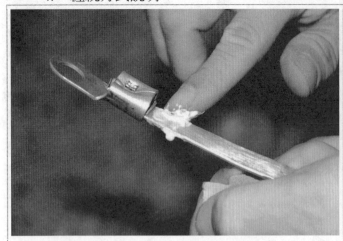 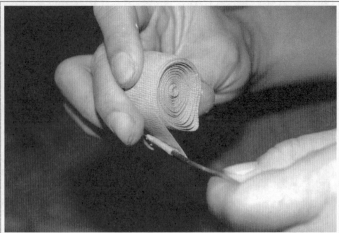

| 在 A5 距離壓接端子 20mm 處之平角銅線塗抹白膠，其他 A1～A4 則是距離焊接點 10mm 處塗抹白膠 | 纏繞方式以背向的方式纏繞，將皺紋紙以1/2 重疊包紮一回。即可完成纏繞。 |

五、固定

(一) 固定說明

1. A5 處如圖 1-6 用螺絲固定。

2. 固定時螺帽須朝上方，並放置平墊圈及彈簧墊圈。

3. 固定須確實牢固。

圖 1-6　螺絲固定方式

二 線圈製作(032-850202)

※相關知識

　　變壓器的線圈(或稱繞組)，有一次線圈及二次線圈之稱。小型變壓器是使用漆包圓銅線繞製；中型與大型變壓器，大多採用平角銅線或片狀銅導體捲繞。變壓器線圈與線圈間、線圈與鐵心間、線圈與外殼間都要做絕緣處理，使用平角銅線者還要在線圈本身間做絕緣處理，在乙級檢定中，都是使用紙包平角銅線來處理線圈本身的絕緣。

　　一個理想的變壓器依據法拉第電磁感應原理，以交變磁通切割線圈，則變壓器一次線圈應電勢 E_1 與二次線圈應電勢 E_2 為：

$$E_1 = 4.44N_1 f \phi_m$$
$$E_2 = 4.44N_2 f \phi_m$$
$$\frac{N_1}{N_2} = \frac{E_1}{E_2} = \frac{V_1}{V_2} = a \text{ (匝數比)}$$

又依能量不滅定理，輸入容量 S_1 與輸出容量 S_2 相等，即

$$V_1 I_1 = V_2 I_2$$
$$\frac{V_1}{V_2} = \frac{I_2}{I_1} = a$$

由上述公式中可以了解：

　　一個變壓器若 $N_1 > N_2$，$a > 1$，則為降壓變壓器；一個變壓器若 $N_1 < N_2$，$a < 1$，則為升壓變壓器。不論是降壓還是升壓變壓器，高壓端的電流較小，低壓端的電流較大，電壓與電流成反比關係。

　　變壓器一次側與二次側線圈線徑的選用，主要視其電流大小而定，低壓側電流大，選用粗線徑銅線；高壓側電流小，選用細線徑銅線。高低壓線圈的裝設的相對位置，低壓線圈主要裝設在靠近鐵心的內側，高壓線圈裝設在低壓線圈的外面，方便絕緣處理。

※作業說明：

一、鐵心絕緣製作：

　　(一) 依辦理單位所提供之木模及絕緣紙，將底層絕緣紙纏捲三回於木模上。

　　(二) 捲始與捲終須於木模較窄邊且重疊 20mm 以上，並以膠帶固定。

二、低壓側線圈繞製：

　　(一)將紙包平角銅線兩條疊繞鐵心絕緣上，每層 26 匝，共繞四層。

　　(二)線圈引出線必須以 90°角度引出，以棉紗帶固定，並套入絕緣套管。

　　(三)線圈兩端必須放置端邊絕緣，端邊絕緣置於兩端較寬之直線部份。

　　(四)上、下層線圈間必須放置絕緣紙一層。

　　(五)第二層與第四層線圈於引出線邊底部第三圈各做轉位一次，使上下導體對調。

(六)轉位處之絕緣強度,不得低於原有導體之絕緣強度。

(七)始端與終端之引出線,必須在木模較窄之同一側。

三、高－低壓間絕緣製作:

(一)將層間絕緣紙捲於低壓側線圈上方,計三層。

(二)絕緣紙之始端與終端須在木模較窄面,重疊 20mm 以上後以膠帶固定。

四、高壓側線圈繞製:

(一)將 1.2mm 漆包銅線繞於高低壓層間絕緣上,每層 110 匝,共繞四層。

(二)上、下層線圈間必須放置有層間絕緣紙一層。

(三)線圈引出線必須以 90°角度引出,以棉紗帶固定,並套入絕緣套管。

(四)線圈兩端必須放置端邊絕緣紙,端邊絕緣紙置於兩端較寬之直線部份。

(五)始端與終端之引出線,必須在低壓線圈引出線之正對邊。

五、外周保護絕緣製作:

(一)將外層絕緣紙捲繞於高壓側線圈上方,連續捲二回,端面須平整。

(二)絕緣紙之始端與終端須在木模較寬面,重疊 20mm 以上。

(三)外周絕緣須以棉紗帶三回等間隔固定。

(四)將書寫好姓名之貼紙,貼於高壓側引線下方,以利識別。

※材料供給表:

項目	名稱	規格	單位	數量	備註
1	紙包銅線	1.4 × 4.5mm	kg	2	
2	漆包銅線	1.2mm	kg	2	
3	棉紗帶	AA × 1"	卷	1	
4	鐵心絕緣紙	0.5 × 163 × 1M	張	1	
5	二次層間絕緣紙	0.13 × 163 × 600mm	張	3	
6	一次層間絕緣紙	0.13 × 163 × 600mm	張	3	
7	二次邊絕緣紙	3.2 × 10 × 100mm	張	8	或紅紙板 16 片
8	一次邊絕緣紙	2.0 × 10 × 100mm	張	8	或紅紙板 16 片
9	外周絕緣紙	0.13 × 163 × 600mm	張	2	
10	一、二次層間絕緣紙	0.13 × 163 × 600mm	張	3	
11	腊套管	4mm φ × 1M	支	1	
12	腊套管	2mm φ × 1M	支	1	
13	皺紋紙帶	0.13 × 25mm	M	2	
14	白膠	300g	罐	1	

※ 施作說明：

一、鐵心絕緣製作

(一) 繞線器具介紹

繞線機+計數器：變壓器繞線用機器

木模：可拆式繞線木模裝置，開口模板裝置外側

(二) 底層絕緣纏繞

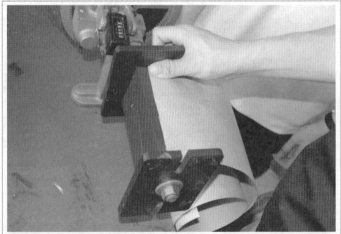

在側邊(較窄處)開始纏捲鐵心絕緣紙

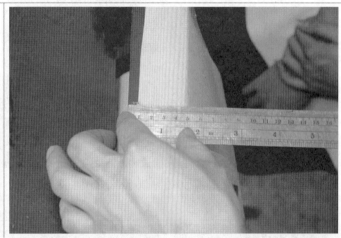

纏繞三回後，在同一側邊將多餘絕緣紙剪除，絕緣紙頭尾端需在同一側邊重疊 20mm 以上

用透明膠帶固定絕緣紙，並纏緊實，捏出菱角，這樣繞置完後才不致過胖(註：線圈繞製完後需放入活動鐵心作匝數比測量)

纏繞完後，於木模較寬處兩端放置端邊絕緣板

二、低壓側線圈繞製

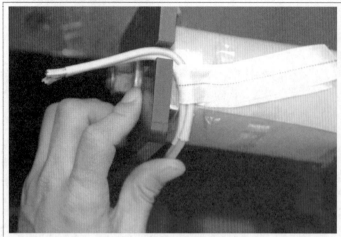

木模窄邊放入線圈引出線，以 90 度角引出，套入絕緣套管，並以棉紗帶固定

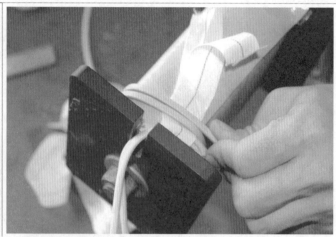

紙包平角銅線上下重疊，將棉紗帶壓在底下開始轉動繞線機(注意：計數器要歸零)

以木槌或塑膠槌調整間距，每層 26 匝，共繞製四層

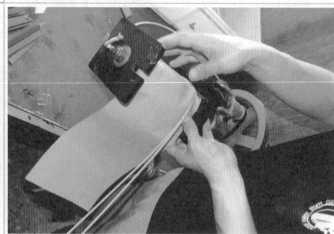

在層與層之間需做層間絕緣，第一層繞完後須放入二次側線圈層間絕緣紙後繼續繞製第二層

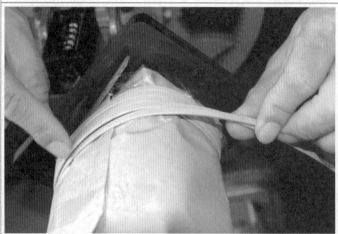

第二層(第三圈)及第四層(第三圈)需做轉位(將上下重疊的紙包平角銅線對調)

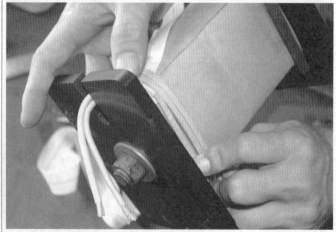

繞製完成後，始端與終端之引出線，必須在木模較窄之同一側

三、高－低壓間絕緣製作

(一)將層間絕緣紙捲於低壓側線圈上方，計三層。

(二)絕緣紙之始端與終端須在木模較窄面，重疊 20mm 以上後以膠帶固定。

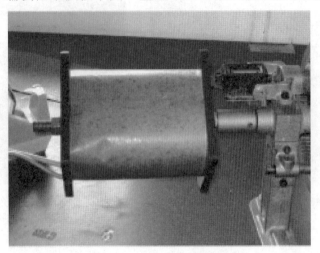

圖 2-1　捲三層層間絕緣紙

四、高壓側線圈繞製

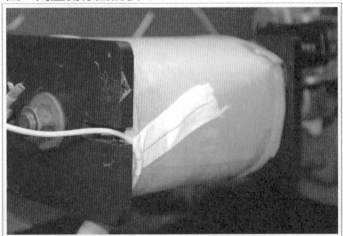

1. 將層間絕緣紙捲於低壓側線圈上方，總計三層	1. 線圈引出線必須在低壓線圈引出線之正對邊，兩邊木模較寬處做端邊絕緣
2. 絕緣紙之始端與終端需要木模較窄面，重疊 20mm 以上後以膠帶固定	2. 將計數器歸零，漆包線將棉紗帶壓在底下，開始繞製
3. 將 1.2mm 漆包線套入絕緣套管，並以棉紗帶固定，線圈引出線以 90 度角引出	3. 每層 110 匝，共繞四層

五、外周保護絕緣製作

層與層間須做一次側線圈層間絕緣

1. 一次側線圈繞製完後，將外層絕緣紙捲繞於高壓側線圈上方，連續捲兩回，端面須平整
2. 絕緣紙之始端與終端需要木模較窄面，重疊 20mm 以上後以膠帶固定
3. 外周絕緣紙須以棉紗帶三回等間隔固定

六、線圈剖面圖

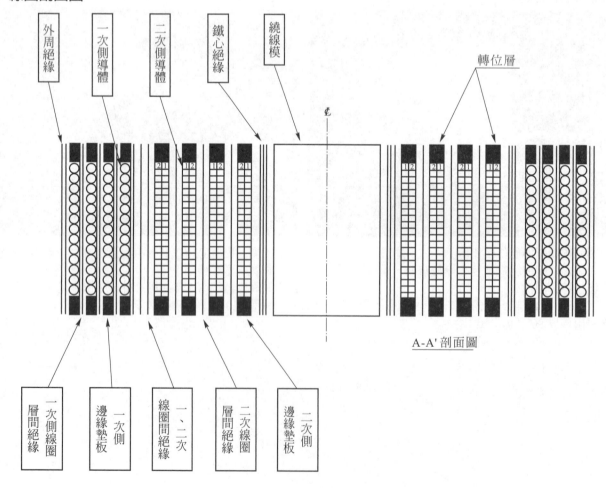

外周絕緣

一次側導體

二次側導體

鐵心絕緣

繞線模

轉位層

A-A' 剖面圖

一次側線圈層間絕緣

一次側邊緣墊板

一、二次線圈間絕緣

二次線圈層間絕緣

二次側邊緣墊板

七、完成線圈示意圖

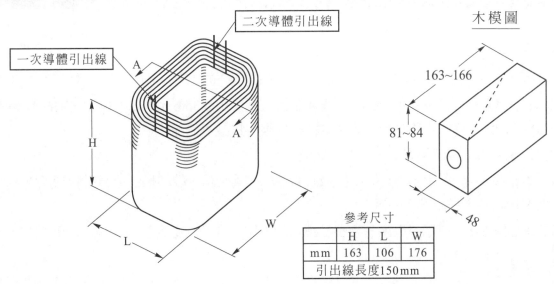

參考尺寸

	H	L	W
mm	163	106	176
引出線長度150mm			

八、匝數比測量

1. 考生應使用兩個電壓表，同時分別量測高、低壓側之繞組電壓，需要特別準確值時，依上述測試一次後，互相交換兩繞組之電壓計，再測試一次，並取其平均值，以補償儀表之誤差。

2. 因匝比之測量，可以用較額定值為低的電壓值測試，所以通常以 600V 以下之交流電壓加於變壓器之高壓端，而測量其電壓比亦即其匝數比。

3. 若高壓側之電壓表 V_1 讀值為 VH，低壓側之電壓表 V_2 讀值為 VL，則線圈匝數比為 $\dfrac{VH}{VL} = \dfrac{440}{104} = 4.23$。

4. 應注意若在變壓器之低壓側加以額定電壓，則變壓器的高壓側會感應產生較高之電壓，應特別注意避免危險。

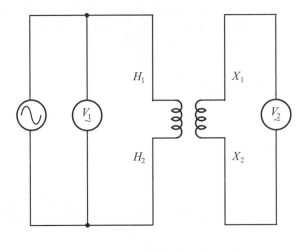

(a) 變壓比接線圖

匝數比測量接線圖
V_1、V_2 為電壓表

接線示意圖

鐵心製作(032-850203)

※相關知識

　　變壓器是用電、磁能量轉換的原理，將二組線圈繞於共同之鐵心而成，所以變壓器的鐵心需要擁有高導磁係數，高飽和磁通密度的磁路。一般變壓器大都使用 0.35mm 厚之 S 級方向性冷軋延矽鋼片疊成，含矽量約為 4%，每一片矽鋼片表面塗以絕緣皮膜，以減少渦流損。

　　變壓器依鐵心構造與製作方式可分下列幾種

(一) 內鐵式：如圖 3-1(a)所示，將繞組置於鐵心的外緣，其絕緣、散熱較佳，適用於高電壓，小電流的變壓器，繞組大多採用同心配置。

(二) 外鐵式：如圖 3-1(b)所示，用鐵心疊製於繞組的外圍，其抑制應力較佳，適用於低電壓，大電流，繞組大多採用交互配置。

(三) 捲鐵式：如圖 3-1(c)所示，鐵心以矽鋼帶捲製而成，其鐵心軋延的方向與磁通方向一致，激磁電流可大幅降低，導磁係數高、損失小、效率高。

(四) 分佈外鐵式：如圖 3-1(d)所示，其鐵心係由二部、三部或四部分佈鐵心所組成，分佈於繞組四周的鐵心其截面積較大，可減少鐵損及激磁電流，無載損失小，多用於 50kVA 以下小容量配電變壓器。

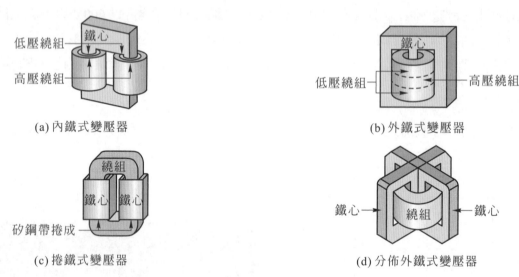

(a) 內鐵式變壓器　　　　　(b) 外鐵式變壓器

(c) 捲鐵式變壓器　　　　　(d) 分佈外鐵式變壓器

圖 3-1

※作業說明：

一、鐵心腳疊積：

(一) 依辦理單位提供之矽鋼片，選擇適當之尺寸與數量，以單片交疊方式製作三相變壓器鐵心腳三柱。

(二) 疊積時兩端應預留軛鐵之寬度。

(三) 疊積完成後之鐵心腳須用虎鉗壓緊，並以棉紗帶1/2 重疊包紮固定。

二、軛鐵疊積：

(一) 將三柱疊積完成之鐵心腳豎立後裝底部軛鐵。

(二) 將裝妥底部軛鐵之鐵心倒立。

(三) 將辦理單位提供之線圈裝入中柱鐵心腳再裝上部軛鐵。

三、固定：

(一) 依辦理單位所提供之夾件將兩邊軛鐵固定。

(二) 夾件與鐵心間須用絕緣紙隔離。

四、檢驗：

(一) 製作完成後之鐵心，激磁電流不得大於額定之 30%。

(二) 鐵心外觀需整齊美觀。

備註：本題激磁電流為 0.13A。

※材料供給表：

項目	名稱	規格	單位	數量	備註
1	透明膠帶	0.13 × 10mm × 20M	卷	1	
2	棉紗帶	AA × 1″	卷	1	
3	裸銅線	1.2mm	M	5	
4	白膠	300g	罐	3	

※施作說明：

一、鐵心腳疊積：

1. 依檢定單位提供之矽鋼片與板模，選擇適當尺寸(長、中、短三種尺寸)，長選 600 片，中選 400 片，短 800 片

2. 先在板模內放置棉紗帶以單片交疊的方式將矽鋼片交疊置於板模內，將長的矽鋼片交互疊積，疊積時兩端應預留軛鐵之寬度。(本圖使用疊片模槽)

3. 疊片完成後用棉紗帶綁緊,拿出時須小心。並將疊柱固定於虎鉗上	4. 將完成後之鐵心腳用虎鉗壓緊,並以棉紗帶1/2重疊包紮固定,兩端應預留軛鐵之寬度

二、軛鐵疊積與固定:

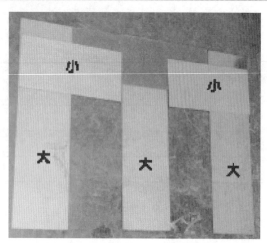1. 軛鐵交疊示意圖	2. 將三柱使用大軛鐵疊積完成之鐵心腳豎立,間距為一個疊片寬度,並使用檢定單位提供之固定夾件固定之。(夾件與鐵心間須用絕緣紙隔離)
3. 先安裝一邊底部軛鐵。中鐵心鐵片疊片置於中間,短鐵心鐵片置於兩旁,疊片在安裝的時候並不需要一直敲打整齊,待疊片全安裝完後,再用木槌一次敲打使疊片堆疊整齊,並用另一組固定夾件固定	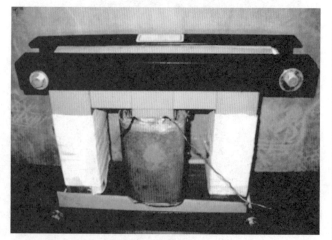4. 將裝妥底部軛鐵之鐵心倒立後,將線圈裝入中柱鐵心腳,再裝上部軛鐵 注意:(1) 線圈一定要裝入初始完成品 　　　(2) 鐵心外觀需整齊美觀

三、檢驗：

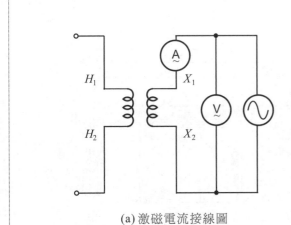

(a) 激磁電流接線圖

1. 激磁電流量測示意圖

1. 製作完成後之鐵心，需測量激磁電流大小
2. 將高壓側開路，低壓側加入額定電壓。觀察電流表之電流值
3. 激磁電流不得大於額定電流之 30% (本題激磁電流為 0.13A。)

四、成品示意圖：

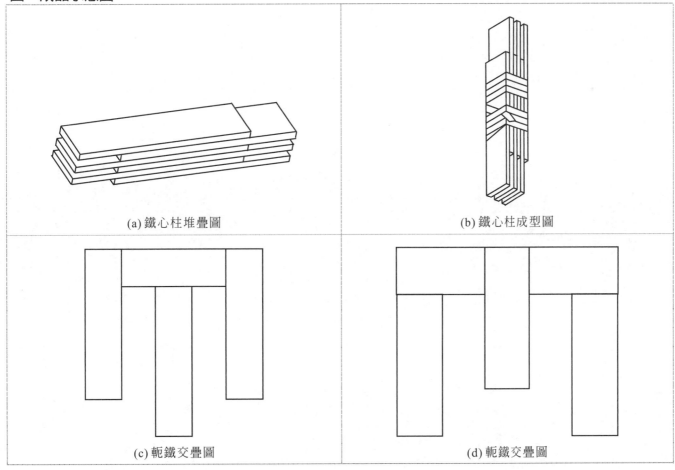

(a) 鐵心柱堆疊圖

(b) 鐵心柱成型圖

(c) 軛鐵交疊圖

(d) 軛鐵交疊圖

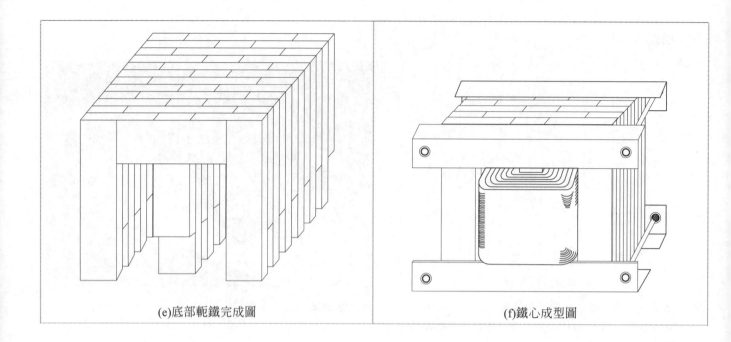

(e)底部軛鐵完成圖　　　　　　　　　　　(f)鐵心成型圖

四 單相變壓器附件組立、心體裝配、裝桶及開路試驗(032-850204)

※相關知識

一、變壓器附件組立、心體裝配及裝桶。

(一) 變壓器的附件可分為：高壓分接頭切換器、高低壓套管，分述如下：

1. 高壓分接頭切換器：同一電力系統，因線路壓降或負載的變化而讓電壓產生變動，所以為維持二次側電壓恆定供給用戶使用，都會在變壓器高壓側裝設分接頭，改變匝數比，使變壓器在小範圍內改變電壓，達到電壓調整的目的。變壓器分接頭切換器，通常以瓷質或電木等絕緣物製成，分接頭的切換都在無電壓情況下進行。分接頭的接線如圖 4-1(a) 所示，其切換器係將分接頭二接點導通的方式來串聯線圈，以達到改變匝數比和電壓比的目的，如圖 4-1(b)。

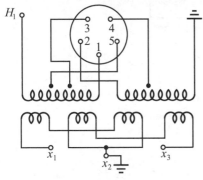

接點	二次側電壓
①② 通	最低
②③ 通	↓
③④ 通	
④⑤ 通	最高

(a) 分接頭切換器接點　　　　(b) 分接頭切換之電壓值

圖 4-1

※ 高低壓套管：變壓器的心體是裝設於油箱內，要和外部連接，便需要將繞組出線頭經由絕緣套管引接到箱體外，其構造如圖 4-2(a)與圖 4-2(b)。高壓套管依絕緣方式可分下列幾種：①瓷質套管：適用 30kV 以下。②混合物充填型套管：適用於 33kV 至 70kV 之間。③充油套管：適用 33kV 以上。④電容器型套管：適用於 66kV 以上。

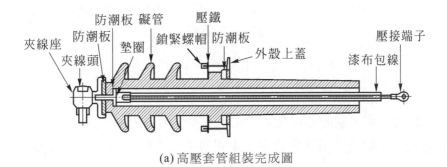

(a) 高壓套管組裝完成圖

圖 4-2

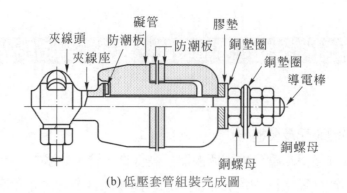

(b) 低壓套管組裝完成圖

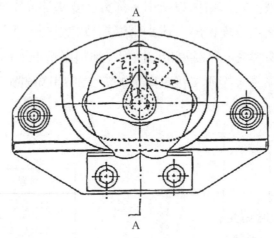

I 切換器組立圖

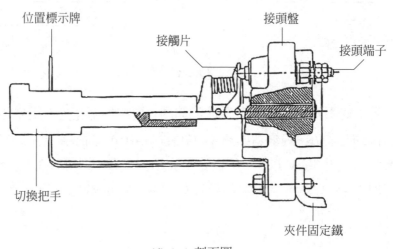

(d) A-A 剖面圖

圖 4-2(續)

(二) 心體裝配、裝桶：變壓器的心體是由鐵心和繞組所組成，並將其放置於以鑄鐵或是鋼板焊接
而成的鐵桶內，其鐵桶外箱可分為方型或圓型，外箱製成後需再經表面處理，以達防銹、耐
酸等特性。中大型變壓器的外箱通常會在四周裝設散熱管或於兩旁加設散熱器等各種外形。
在裝桶完成後，頂蓋和外殼間應該橡膠襯墊緊壓接合，以防水分侵入。

(三) 開路試驗：開路試驗又稱無載試驗，其可測量出變壓器的鐵損、無載功率因數、激磁電導、激磁電納及激磁導。進行開路試驗時，為顧及安全性，和選擇儀表的便利性，通常將變壓器高壓側開路，低壓側加額定電壓來進行試驗；也可以在高壓側加額定電壓，低壓側開路，但較為危險，且儀表選擇不易。

變壓器之開路試驗接線圖如圖 4-3(a)，瓦特表的讀值全部視為鐵損，而低壓側加額定電壓，所以產生的激磁電流很小，電流約為額定值之 2%～5%左右，而銅損與電流平方成正比，故可將銅損忽略。

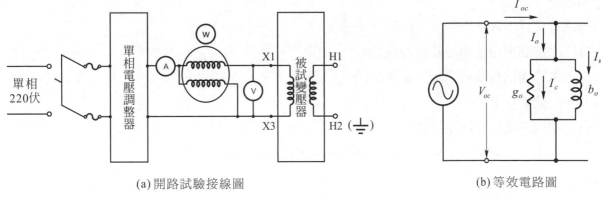

(a) 開路試驗接線圖　　　　　　　　　　(b) 等效電路圖

圖 4-3

各數值的求法如下所列(參考圖 4-3(b)等效電路圖)：

1. 瓦特表的之讀數 = 變壓器鐵損(P_{oc})

2. 伏特計讀數 = 低壓側額定電壓(V_{oc}約為 240V)

3. 安培計讀值 = 低壓側激磁電流(I_{oc}約為二次側電流額定值之 2%～5%)

4. 鐵損電流 $I_c = \dfrac{\text{瓦特表讀值}}{\text{伏特表讀值}} = \dfrac{P_{oc}}{V_{oc}} = I_o \cos\theta$

5. 磁化電流 $I_m = \sqrt{I_o{}^2 - I_c{}^2} = I_o \sin\theta$

6. 激磁導納 $Y_o = \dfrac{\text{安培表讀值}}{\text{伏特表讀值}} = \dfrac{I_{oc}}{V_{oc}}$

7. 激磁電導 $G_o = \dfrac{\text{瓦特表讀值}}{\text{伏特表讀值的平方}} = \dfrac{P_{oc}}{V_{oc}{}^2}$

8. 激磁電納激磁導納 $Y_o = \dfrac{\text{磁化電流}}{\text{伏特計讀值}} = \dfrac{I_m}{V_{oc}} = \sqrt{Y_o{}^2 - G_c{}^2}$

9. 無載功因 $\cos\theta = \dfrac{\text{瓦特計讀值}}{\text{伏特表讀值} \times \text{安培計讀值}} = \dfrac{P_{oc}}{V_{oc} \times I_{oc}}$

※作業說明：

一、附件組立：

(一) 依辦理單位提供之設備及材料組立高壓切換器一只、高壓套管一只、低壓套管三只。

(二) 組立完成之高壓切換器能順利移動接觸位置，並保持接續良好。

(三) 高壓套管之引出線與夾線頭須使用錫焊連結，並以紙套管加以絕緣。

(四) 低壓套管之零件位置須相同。

二、心體裝配：

(一) 鐵心夾件、線圈壓木、接地銅片安裝。

(二) 二次線圈出口線連接及絕緣包紮。

(三) 二次線圈出口線做單相三線式結線。

(四) 一次側切換器安裝。

(五) 一次側線圈出口線電位判別。

(六) 一次出口線至分接頭引線之端子壓接、加絕緣套管及裝配。

三、裝桶：

(一) 將心體吊入變壓器桶內適當位置並固定。

(二) 裝一次側及二次側套管。

(三) 接一次側及二次側引線。

(四) 接一次側接地線。

(五) 固定上蓋完成裝配。

四、開路試驗：

(一) 依辦理單位提供之高阻計做絕緣電阻測試。

(二) 依辦理單位提供之儀表做開路試驗。

(三) 記錄各項試驗值。

※材料供給表：

項目	名稱	規格	單位	數量	備註
1	絕緣套管	2mm × 1M	支	4	
2	絕緣套管	8mm × 0.5M	支	2	
3	PVC 電線	$2mm^2$	M	1	
4	圓裸銅線	1.2mm ϕ	M	2	
5	壓接端子	$1.25 \sim 6mm^2 - O$ 型	包	1	
6	壓接端子	$1.25 \sim 4mm^2 - Y$ 型	包	1	
7	皺紋紙帶	0.13 × 25mm	M	2	
8	焊錫	含焊 60% × 100g	條	1	
9	焊油	100g	罐	1	
10	白膠	300g	罐	1	

※ 施作說明：

一、高壓套管組立

將高壓套管夾線頭拆下，放置八角盒中間，放入錫線，利用噴燈加熱使其融化

將引出線放入夾線頭冷卻

使用高壓套管專用長六腳套筒，將引出線套入如圖所示

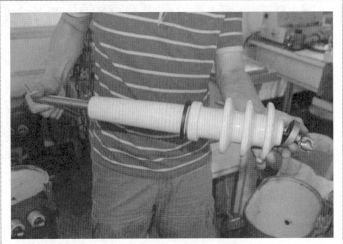

由高壓礙子後端放入，將引出線與夾頭鎖緊

二、切換器組立

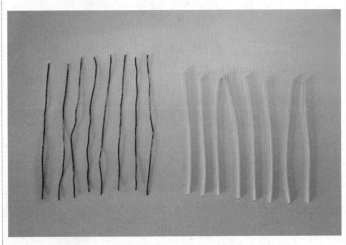

依檢定單位提供之裸銅線及絕緣套管裁切成 8 等分

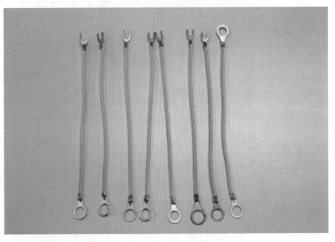

將頭尾壓接成 Y-O 型 7 只，O-O 型 1 只

將 5 條 Y-O 型壓接線，O 端接於切換器上 Y 端接於端子台上

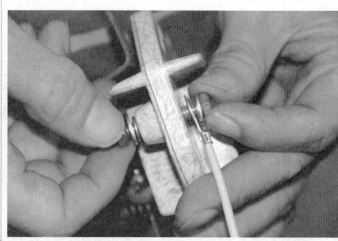

左右兩邊高低壓側接上 2 條 Y-O 型壓接線，O 型端接於切換器上，Y 型端接端子台

低壓側頂部接 1 條 O-O 型壓接線，此線另一端將外接於桶內接地

心體之接線端子台，依圖由右至左為接地，1、3、5、2、4 高壓套管接線，連接至切換器之接點

三、裝桶

將心體吊起後裝入變壓器桶內

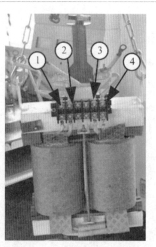

注意：接二次側引線時，心體中間接線 2-3 接在中間低壓礙子，1-4 各接左右兩邊的低壓礙子

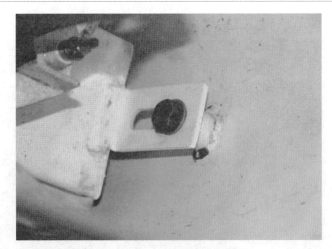

1. 調整適當位置並對準左右兩邊的螺絲孔
2. 將吊鉤拆除，並鎖上專用螺絲固定

將低壓礙子由內向外依序為銅螺母、銅螺母、銅墊圈、銅螺母、膠墊、防潮板、防潮板、夾線頭防潮板，依序鎖上

完成心體接二次側引線

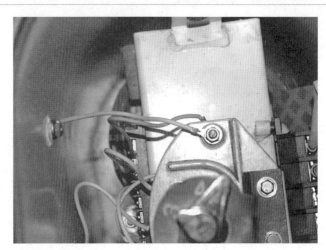

將分接頭之接地與外殼連接。

將分接頭之高壓端子與高壓礙子連接。鎖緊螺絲

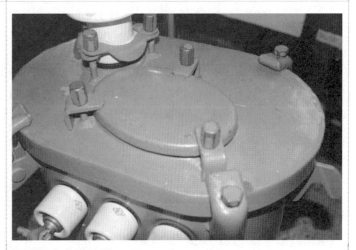

蓋板固定完成組裝

四、絕緣電阻試驗

先將二次側(低壓側)短路

1. 使用高阻計時,必須先確認高阻計電池電壓是否正常
2. 紅測試棒接二次側,黑測試棒接地
3. 按下高阻計測試開關,判斷絕緣電阻值,並做紀錄

五、無負載電流及無負載損失測定:

(一) 開路試驗接線圖

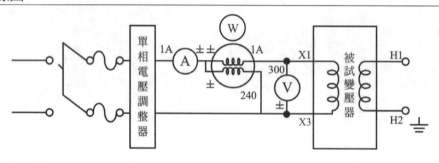

(1) 將變壓器銘牌之額定資料抄錄至紀錄表內。

(2) 依開路試驗電路圖完成所有儀表之接線

(3) 接線完成後進行試驗,此時注意高壓側必須開路,而低壓測使用單相電壓調整器(自耦變壓器),由零伏特開始逐漸增加至額定值 240V 之電壓,判斷所有儀表的指示值

(4) 將電壓表、電流表及瓦特表之讀值登錄於紀錄表內。

(5) 計算無載電流百分比將其值書寫於紀錄表中。

注意:
1. 調整 VR 電壓至額定電壓 240V
2. 記錄二次無載電流 0.28A
3. 記錄無載損 46W,再乘以倍率 × 2 = 92W
4. 計算無載電流百分比 $\frac{0.28}{41.7} \times 100\% = 0.67\%$

瓦特計倍率計算

電流＼電壓	120V	240V
1A	1 倍	2 倍
5A	5 倍	10 倍

本瓦特計以 120V × 1A = 120W 為基準,因此若接線方式不同則必需依左表之倍率處理。

本表須提供給考生填寫，並繳回。

下列變壓器試驗，每次試驗送電前，必須經監評委員認可。

一、絕緣電阻測定

　　二次側對地絕緣電阻測定值：＿＿＿150＿＿＿MΩ

二、無負載電流及無負載損失測定：

　(一)試驗接線圖

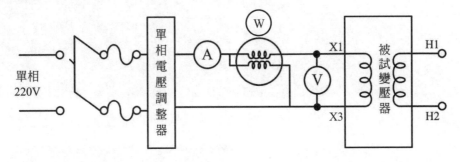

　(二)注意事項：

　　1.　變壓器由二次側送電

　　2.　一次側高壓電，必須以遮蔽物護蓋，以策安全。

(三) 測試結果紀錄於下表：

由變壓器銘牌抄錄資料				實測值			計算值
出品號碼	容量 (kVA)	二次額定 電壓 (V)	二次額定 電流 (A)	無載損 (W)	二次無載 電流 (A)	電壓表 (V)	無載電流 (%)
	10	240	41.7	92	0.28	240	0.67
術科測試編號				姓　名			

六、完成示意圖

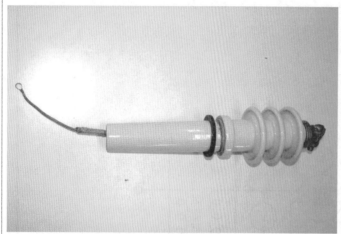

1. 完成高壓套管組立

2. 完成低壓套管組立

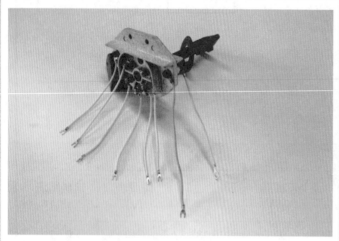

3. 完成切換器組立

4. 心體裝配

5. 裝桶(入桶)

6. 絕緣電阻試驗

五 三相變壓器結線及短路試驗(032-850205)

※相關知識

一、三相變壓器結線

　　電力系統都是採用三相系統，在三相交流電路中變壓器的使用，通常是以三個單相變壓器連接成為一組三相變壓器。變壓器三相連接，包括一次側三相連接與二次側三相連接，主要的方式有星型接線(Y 接線)及三角型接線(△接線)兩種：

(一) 星型結線(三相 Y 接線)：如圖 5-1(a)所示，結線的原則為線尾接線尾。其線電流與相電流大小相等($I_L = I_P$)，線電壓為相電壓的 $\sqrt{3}$ 倍($V_L = \sqrt{3}\, V_P$)；在正相序 A-B-C 下線電壓相位超前相電流 30°。變壓器以 Y 接線，其中性點可接地，可使中性點電位穩定。若三相中某一相發生接地故障，其它兩相不致電壓升高。

(二) 三角型結線(三相△接線)：如圖 5-1(b)所示，結線的原則為線尾接線頭。其線電流為相電流 $\sqrt{3}$ 倍($I_L = \sqrt{3}\, I_P$)，線電壓與相電壓相等($V_L = V_P$)；在正相序 A-B-C 下線電流相位滯後相電流 30°。變壓器以△接線，雖中性點可接地，但△連接可免除三次諧波電流之害。若三部變壓器有一部變壓器故障，可改成 V 型連接繼續供應三相電力。

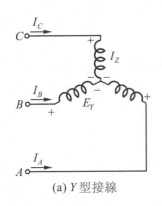

(a) Y 型接線

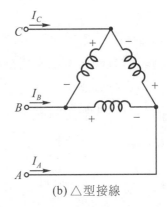

(b) △型接線

圖 5-1

變壓器的一次側與二次側，可以組合的三相連接，就有 Y-Y、Y-△、△-△、△-Y 等四種。而乙級變壓器裝修檢定所採用的為 Y-△接線(一次側 Y 接線，二次側△接線)，其特性為：

1. 一次側：$V_{L1} = \sqrt{3}\, E_{P1} \angle 30°$；$I_{L1} = I_{P1}$；二次側：$V_{L2} = E_{P2}$；$I_{L2} = \sqrt{3}\, I_{P2} \angle -30°$。

2. 一、二次線電壓及一、二次線電流和匝數比的關係為：

$$\frac{V_{L1}}{V_{L2}} = \frac{\sqrt{3}\, E_{P1}}{E_{P2}} = \frac{I_{L2}}{I_{L1}} = \frac{\sqrt{3}\, N_1}{N_2} = \sqrt{3}\, a$$

3. Y－△連接常用於受電端，具有降壓作用，適用於高壓變低壓的場所，如變電所內的變壓器。

二、短路試驗

短路試驗可以測量出變壓器的銅損、無載功率因數、等效電阻、等效電抗及等效阻抗等。進行短路試驗時，為顧及安全性，和選擇儀表的便利性，通常在變壓器高壓側加入額定電流，並將低壓側短路來進行試驗；也可以在低壓側加額定電流，不過低壓側電流較高，較為不便。

變壓器之三相變壓器短路試驗接線圖如(圖 5-2)，短路試驗高壓側所加的電流為額定電流，銅損與電流平方成正比，所以瓦特表的讀值即是變壓器滿載時的銅損，電壓表的讀值約為高壓側額定值之 3%～10%左右。

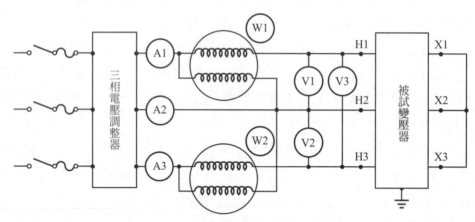

圖 5-2　三相變壓器短路試驗接線圖

各數值的求法如下所列(設變壓器一次側為高壓)：

(一) 兩瓦特表的之讀數相加 = 三相變壓器銅損(P_{SC})。

(二) 伏特計讀數 = 高壓側額定電壓之 3%～10% (V_{SC})。

(三) 安培計讀值 = 高壓側額定電流(I_{SC})。

(四) 高壓側等值阻抗 $Z_{o1} = \dfrac{\text{伏特表讀值}}{\text{安培表讀值}} = \dfrac{V_{SC}}{I_{SC}}$

(五)等值電阻 $R_{o1} = \dfrac{\text{瓦特表讀值}}{\text{安培表讀值的平方}} = \dfrac{P_{SC}}{I_{SC}{}^2}$

(六)等值電抗 $X_{o1} = \sqrt{Z_{o1}{}^2 - R_{o1}{}^2}$

※作業說明：

一、一次側結線：

(一) 一次側線圈出口線電位判別。

(二) 量取線圈至分接板所需之導線長度。

(三) 一次側出口線至分接頭引線之端子壓接、加絕緣套管及裝配。

(四) 一次側線圈做 Y 形結線。

二、二次側結線：

(一) 量取線圈至套管間所需之導線長度，並與套管連接。

(二) 導線連結以壓接方式為之。

(三) 導線連結處以皺紋紙帶1/2 重疊包紮 1 回。

(四) 二次側線圈做△形結線。

三、短路試驗：

(一) 依辦理單位提供之高阻計做絕緣電阻測試。

(二) 依辦理單位提供之儀表做短路試驗。

(三) 依變壓器容量，採取額定電流做短路試驗。

(四) 記錄各項試驗值。

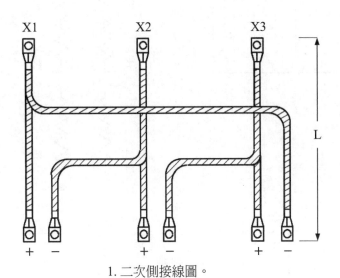

1. 二次側接線圖。
2. L 以考場設備為主。

※材料供給表：

項目	名稱	規格	單位	數量	備註
1	裸平角銅線	2 × 15mm (±20%)	M	2	
2	壓接端子	配合第 1 項平角銅線	個	12	
3	圓裸銅線	1.2mmϕ	M	4	
4	壓接端子	1.25～6mm^2－O 型	包	1	
5	壓接端子	1.25～4mm－Y 型	包	1	
6	絕緣套管	2mmϕ × 1M	支	4	
7	PVC 電線	5.5mm^2(黑色線)	CM	50	
8	皺紋紙帶	0.13 × 25mm	M	5	
9	白膠	300g	罐	1	

件號	名稱	數量
1	一次側接線板	1
2	鐵心接地片	1
3	線圈	3
4	夾件	2
5	鐵心	1
6	支持木	4
7	二次側引出線	
8	一次側引出線	
9	二次側接線板	
10	一次側接線板	

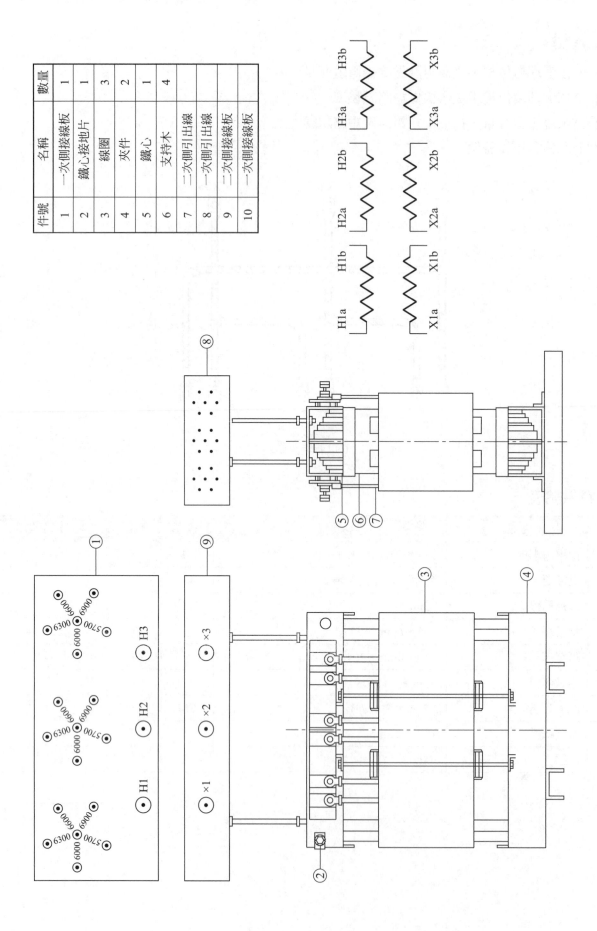

※施作說明：

一、一次側結線：

1. 左邊為未施作之三相變壓器，右邊為施作完成之三相變壓器。

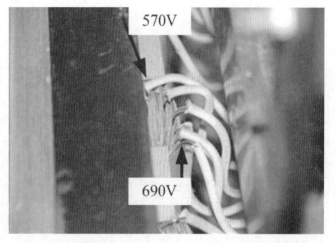

2. 首先判斷變壓器抽頭電壓比，由內而外，分別為 H、570V、600V、630V、660V、690V

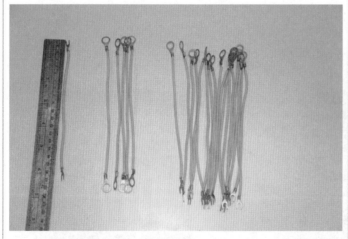

3. 量取線圈分接頭至分接板所需之導線長度，以最長之導線為基準，製作全部所需導線(約 18 公分)。1.雙頭 O 型之導線 5 根，O-Y 端子 18 根。

4. 連接面版之接線使用 O 型端子壓接，連接端子臺接線使用 Y 型壓接端子，連接方式如下圖「一次側出口至分接頭引線示意圖」。

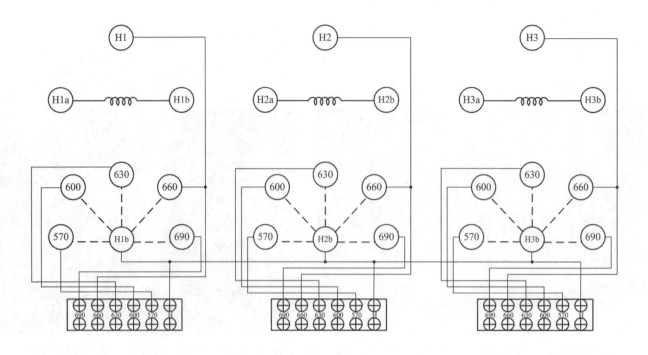

一次側出口至分接頭引線示意圖

二、二次側結線

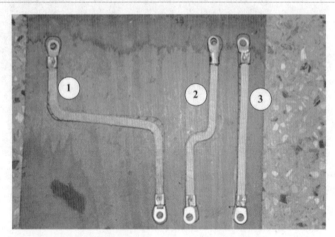	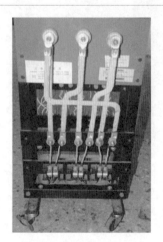
1. 依模板繪製長度製作 1 號*1 支、2 號*2 支、3 號*3 支。端子壓接時，3 號線要一正一反。(高壓側接點需兩條導線背對背)	2. 在二次側線圈端做 △ 形結線

三、短路試驗

(一) 依檢定單位提供之高計做絕緣電阻測試。

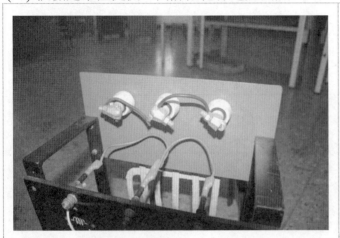

1. 將一、二次側用導線短路

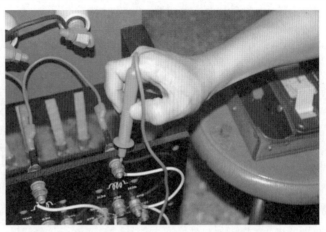

2. 測量 P-E 絕緣電阻，將黑棒夾在外露鐵架點上，紅棒接於一次側，觀看高阻計之數值，記錄於表上

3. 測量 S-E 絕緣電阻，將黑棒夾在外露鐵架點上，紅棒接於二次側任一點，觀看高阻計之數值，記錄於表上。測量 P-S 端絕緣電阻計，紅棒量一次側任一點，黑棒量二次側任一點

使用儀器規格	P-S	P-E	S-E
	250MΩ	250MΩ	250MΩ

4. 將結果記錄於絕緣電阻測試紀錄表，依儀器不同，數值也會有所不同

(二) 依檢定單位提供之儀表做短路試驗：

1. 試場所提供之負載電流及負載損失測定之接線圖。

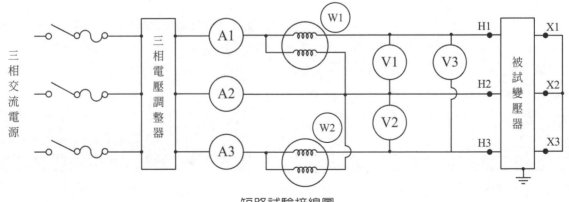

短路試驗接線圖

2. 依儀表，標注接線端點於圖面上：

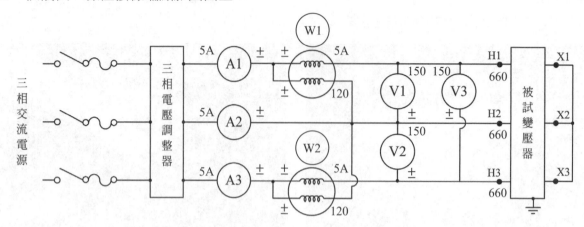

3. 短路試驗儀表實際配線圖

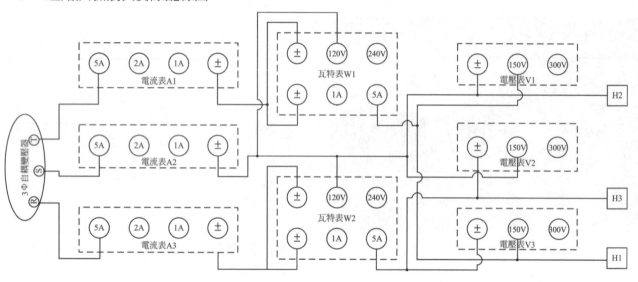

※ 施作說明：

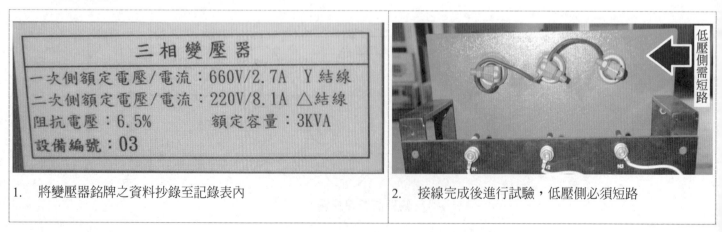

1. 將變壓器銘牌之資料抄錄至記錄表內	2. 接線完成後進行試驗，低壓側必須短路

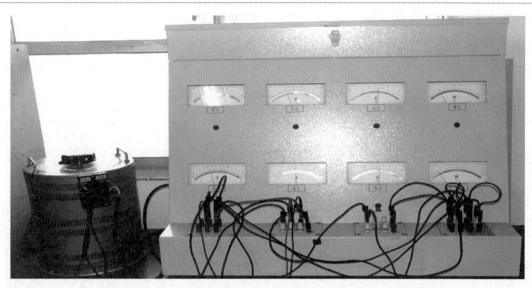

高壓側使用三相電壓調整器(自耦變壓器)由零伏特開始逐漸增加，調整自耦變壓器時，將 OA1+ OA2 + OA3 三顆電流表的值為 8.1A，即平均值電流為額定值 2.7A。將結果記錄紀錄表中

變壓器銘牌資料			實測值								計算值	
一次額定電壓	一次額定電流	阻抗電壓	Ⓥ1	Ⓥ2	Ⓥ3	Ⓐ1	Ⓐ2	Ⓐ3	Ⓦ1	Ⓦ2	銅損	阻抗電壓
			46	48	46	2.7	2.6	2.8	80	130		
660V	2.7A	6.5%	平均值			平均值			W	W	210W	7.1%
			47V			2.7A						
檢定編號						姓名						

(一) 各記錄表中之計算方式爲下：

1. 電流值爲額定值電流值 $\dfrac{I_1 + I_2 + I_3}{3} = 2.7A$

2. 電壓平均值 $\dfrac{V_1 + V_2 + V_3}{3} = 47\,V$

3. 銅損= $(W_1 + W_2) \times$ 倍率= $(16 + 26) \times 5 = 210W$

4. 阻抗電壓= $\dfrac{47}{660} \times 100\% = 7.1\%$

瓦特計倍率計算

電壓 電流	120V	240V
1A	1 倍	2 倍
5A	5 倍	10 倍

本瓦特計以 120V × 1A = 120W 爲基準，因此若接線方式不同則必需依左表之倍率處理。

(二) 檢定時，此張紙會發於各位崗位，填寫完成後，送監評委員認可：

下列變壓器試驗，每次試驗送電前，必須經監評委員認可。

1. 絕緣電阻測定：

使用儀器規格	P-S	P-E	S-E
	MΩ	MΩ	MΩ

2. 負載電流及負載損失測定：

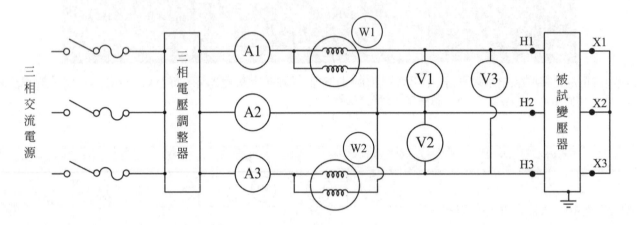

3. 測定結果記錄於下表：

變壓器銘牌資料			實測值								計算值	
一次額定電壓	一次額定電流	阻抗電壓	(V1)	(V2)	(V3)	(A1)	(A2)	(A3)	(W1)	(W2)	銅損	阻抗電壓
V	A	%	平均值			平均值			W	W	W	%
					V			A				
檢定編號						姓名						

六 變壓器故障檢測及冷卻風扇控制電路裝配(032-850206)

※相關知識

變壓器在運轉的過程中，若發生故障，進而停止輸電，將會造成很大的損失。為了防範未然，瞭解變壓器故障的原因，並對變壓器進行例行性的維護保養就顯得相當重要。

一、變壓器故障的原因大致上可分為：

(一) 製造時的故障：如規劃不適當、設計或製作不良、施工不良、材料不適當等。

(二) 運轉時的故障：如材料老化、絕緣劣化、吸濕、氧化、塵害、附屬品的故障、漏油、漏氣等。

(三) 突發性故障：如受外部撞擊造成故障、異常突壓的絕緣故障等。

二、變壓器的維護：良好的維護可以使變壓器的故障降到最低，以避免發生重大事故，變壓器之維護可分為日常維護及定期維護，分述如下：

(一) 日常維護：

1. 變壓器的溫度：依 JEC 規定依據標準周圍溫度 40℃時，絕緣油的溫度不可超過 90℃。平常時應隨時注意溫度計的變化，觀察負載狀態和周圍溫度是否在限定的溫度內。

2. 油量檢查：變壓器的絕緣油具有冷卻與絕緣的功能，所以應隨時透過油面計觀察油面是否在正常位置，絕緣油質是否變色產生劣化。

3. 漏氣檢查：氮封入型的變壓器，應檢查氮氣壓力是否足夠，有無漏氣。

4. 漏油檢查：漏油為油劣化的原因之一，又易污損外觀。而閥類及墊圈是觀察漏油處的主要地方。

5. 聲響檢用：應隨時檢查運轉聲響，如果產生異音應立即排除，異音的來源大部分為螺栓、夾件之結構缺陷或因震動而鬆脫等原因。

6. 吸濕呼吸器：呼吸器中裝設矽膠，在乾燥時呈藍色，吸濕後變為紅色。

7. 冷卻裝置：檢查冷卻風扇馬達運轉及送油泵馬達是否正常，冷卻水量是否正常。

8. 放壓板檢查：檢查放壓板是否有龜裂、損傷或是噴油的情況。

9. 其他各種儀表：各種儀表的指示和動作是否正常。

(二) 定期維護：

1. 線圈的絕緣電阻測試：絕緣電阻值的大小，可以推定絕緣的劣化程度。

2. 線圈的誘電正切($\tan\delta$)：$\tan\delta$ 測定值的大小，亦可推定絕緣的劣化程度。$\tan\delta$ 與吸濕程度、溫升成正比。

3. 絕緣油的檢查：線圈與套管的絕緣性，由絕緣油質良否來決定。故應隨時絕緣油質是否劣化。

4. 負載時分接頭切換裝置：觀看旋轉部份的動作是否圓滑。

5. 封氮裝置：對於氣體可能漏氣之部分加以檢查。

6. 儲油箱：油垢、劣化油或水分等會沈澱於箱內底部，應定期檢查並清除。

7. 套管：應檢查瓷套是否破損或汙損、鎖緊部分是否鬆弛、是否有局部過熱等情形發生。

8. 冷卻裝置：冷卻裝置應進行三項檢查，分述如下：①進行風扇馬達分解檢查，潤滑油的更換，冷卻風扇運轉時是否有異常震動及聲響。②送油泵的旋轉是否平衡，外殼是否漏油。冷卻管應實施耐壓試驗，確認冷卻管耐壓能力，並觀察管路是否有腐蝕現象。

9. 保護電驛：查看接點損耗程度，並測試電驛動作是否正常，電驛是否會因震動而產生誤動作。

※作業說明：

一、依辦理單位所提供之設備及材料，按工作圖配妥變壓器之檢測裝置及冷卻風扇控制電路。

二、主電路以 PVC 3.5mm² 黑色線配置，控制電路以 PVC 1.25mm² 黃色線配置。

三、底盤與面盤之連接線，如圖 6-1，必須經端子台後以過門線方式再轉接至另一器具。

四、配線施工應按國家標準(CNS)有關規定及經濟部頒佈之用戶用電設備裝置規則。

五、配電盤工作方式以線槽施作，力求整潔美觀。

六、為求節省工時，除主電路及端子台上之線端須做壓接，其他線端可不做壓接。

七、配電盤之配線應依辦理單位所提供之電路圖配置，如圖 6-1 及 6-2 配置。

八、配電盤之功能如動作說明。

※動作說明：

一、NFB 投入綠燈(GL)亮。

二、檢測裝置按下按鈕開關(PB1 至 PB6)任一處時，對應指示燈(YL1 至 YL6)亮，BZ(蜂鳴器)響。

三、在正常情況下按 TEST 鈕，檢測裝置指示燈(YL1 至 YL6)皆亮，BZ(蜂鳴器)響。

四、COS1(選擇開關)置於 AUTO(自動)位置時，若 COS2(選擇開關)置於 ON 時，則 MC1 動作激磁，綠燈(GL)熄，白燈(WL)亮。(M1 冷卻風扇運轉)。

五、T 計時到，MC2 激磁，白燈(WL)熄，紅燈(RL)亮(M2 冷卻風扇也加入運轉)。

六、COS1(選擇開關)置於 MANU(手動)位置時，或 COS2(選擇開關)置於 OFF 時，MC1 及 MC2 失磁，紅燈(RL)熄，綠燈(GL)亮，風扇停止運轉。

七、COS1(選擇開關)置於 MANU(手動)位置時按 ON 鈕，MC1 激磁，綠燈(GL)熄，白燈(WL)亮(M1 冷卻風扇運轉)，T 計時到，MC2 激磁，白燈(WL)熄，紅燈(RL)亮(M2 冷卻風扇運轉)。

八、按 OFF 鈕，MC1 及 MC2 失磁，紅燈(RL)熄，綠燈(GL)亮，風扇停止運轉。

九、運轉中任一組冷卻風扇過載(TH-RY1 或 TH-RY2)動作時，該組風扇停止運轉，其他風扇不受影響，此時紅燈(RL)熄，黃燈(YL)亮。

※材料供給表：

項目	名稱	規格	單位	數量	備註
1	PVC 電線	1.25mm²(黃色線)	捲	1	
2	PVC 電線	3.5mm² 黑色	M	5	
3	壓接端子	3.5mm²－Y 型	包	1	
4	壓接端子	1.25mm²－Y 型	包	1	

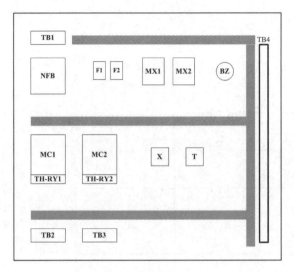

底盤

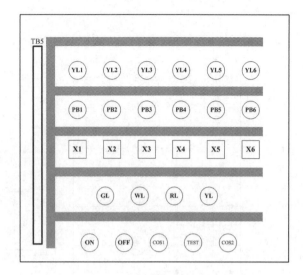

面盤

圖 6-1　器具配置示意圖

圖 6-2　器具配置實體圖

1. 控制電路圖

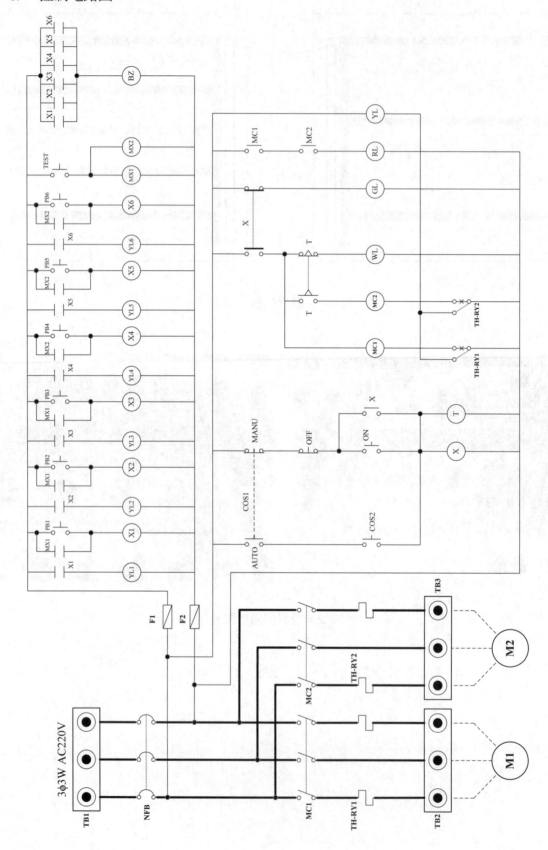

2. 控制電路過門端子台編號

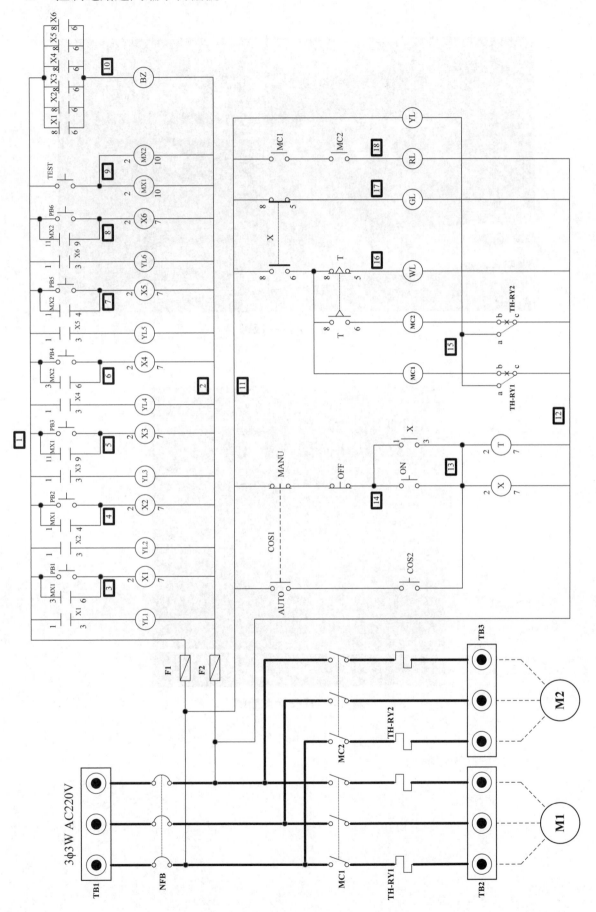

3. 配線完成圖

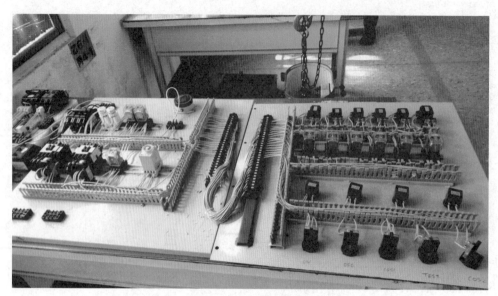

圖 6-3　配線完成圖

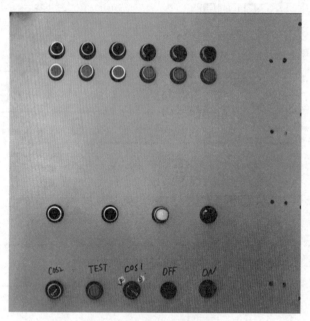

圖 6-4　操作板實體圖

附　錄

學科共同科目

學科共同科目

工作項目 01

職業安全衛生

( )1. 對於核計勞工所得有無低於基本工資，下列敘述何者有誤？
①僅計入在正常工時內之報酬 ②應計入加班費
③不計入休假日出勤加給之工資 ④不計入競賽獎金。

( )2. 下列何者之工資日數得列入計算平均工資？
①請事假期間 ②職災醫療期間 ③發生計算事由之前 6 個月 ④放無薪假期間。

( )3. 下列何者，非屬法定之勞工？
①委任之經理人 ②被派遣之工作者 ③部分工時之工作者 ④受薪之工讀生。

( )4. 以下對於「例假」之敘述，何者有誤？
①每 7 日應休息 1 日 ②工資照給 ③出勤時，工資加倍及補休 ④須給假，不必給工資。

( )5. 勞動基準法第 84 條之 1 規定之工作者，因工作性質特殊，就其工作時間，下列何者正確？
①完全不受限制 ②無例假與休假 ③不另給予延時工資 ④勞雇間應有合理協商彈性。

( )6. 依勞動基準法規定，雇主應置備勞工工資清冊並應保存幾年？
①1 年 ②2 年 ③5 年 ④10 年。

( )7. 事業單位僱用勞工多少人以上者，應依勞動基準法規定訂立工作規則？
①200 人 ②100 人 ③50 人 ④30 人。

( )8. 依勞動基準法規定，雇主延長勞工之工作時間連同正常工作時間，每日不得超過多少小時？
①10 ②11 ③12 ④15。

( )9. 依勞動基準法規定，下列何者屬不定期契約？ ①臨時性或短期性的工作
②季節性的工作 ③特定性的工作 ④有繼續性的工作。

( )10. 事業單位勞動場所發生死亡職業災害時，雇主應於多少小時內通報勞動檢查機構？
①8 ②12 ③24 ④48。

( )11. 事業單位之勞工代表如何產生？ ①由企業工會推派之 ②由產業工會推派之 ③由勞資雙方
協議推派之 ④由勞工輪流擔任之。

( )12. 職業安全衛生法所稱有母性健康危害之虞之工作，不包括下列何種工作型態？ ①長時間站立姿
勢作業 ②人力提舉、搬運及推拉重物 ③輪班及夜間工作 ④駕駛運輸車輛。

( )13. 職業安全衛生法之立法意旨為保障工作者安全與健康，防止下列何種災害？
①職業災害 ②交通災害 ③公共災害 ④天然災害。

答 案	1.②	2.③	3.①	4.④	5.④	6.④	7.④	8.③	9.④	10.①
	11.①	12.④	13.①							

( ) 14. 依職業安全衛生法施行細則規定，下列何者非屬特別危害健康之作業？
①噪音作業 ②游離輻射作業 ③會計作業 ④粉塵作業。

( ) 15. 從事於易踏穿材料構築之屋頂修繕作業時，應有何種作業主管在場執行主管業務？
①施工架組配 ②擋土支撐組配 ③屋頂 ④模板支撐。

( ) 16. 對於職業災害之受領補償規定，下列敘述何者正確？ ①受領補償權，自得受領之日起，因 2 年間不行使而消滅 ②勞工若離職將喪失受領補償 ③勞工得將受領補償權讓與、抵銷、扣押或擔保 ④須視雇主確有過失責任，勞工方具有受領補償權。

( ) 17. 以下對於「工讀生」之敘述，何者正確？ ①工資不得低於基本工資之 80% ②屬短期工作者，加班只能補休 ③每日正常工作時間不得少於 8 小時 ④國定假日出勤，工資加倍發給。

( ) 18. 經勞動部核定公告為勞動基準法第 84 條之 1 規定之工作者，得由勞雇雙方另行約定之勞動條件，事業單位仍應報請下列哪個機關核備？ ①勞動檢查機構 ②勞動部 ③當地主管機關 ④法院公證處。

( ) 19. 勞工工作時右手嚴重受傷，住院醫療期間公司應按下列何者給予職業災害補償？ ①前 6 個月平均工資 ②前 1 年平均工資 ③原領工資 ④基本工資。

( ) 20. 勞工在何種情況下，雇主得不經預告終止勞動契約？ ①確定被法院判刑 6 個月以內並諭知緩刑超過 1 年以上者 ②不服指揮對雇主暴力相向者 ③經常遲到早退者 ④非連續曠工但一個月內累計達 3 日以上者。

( ) 21. 對於吹哨者保護規定，下列敘述何者有誤？ ①事業單位不得對勞工申訴人終止勞動契約 ②勞動檢查機構受理勞工申訴必須保密 ③為實施勞動檢查，必要時得告知事業單位有關勞工申訴人身分 ④任何情況下，事業單位都不得有不利勞工申訴人之行為。

( ) 22. 勞工發生死亡職業災害時，雇主應經以下何單位之許可，方得移動或破壞現場？ ①保險公司 ②調解委員會 ③法律輔助機構 ④勞動檢查機構。

( ) 23. 職業安全衛生法所稱有母性健康危害之虞之工作，係指對於具生育能力之女性勞工從事工作，可能會導致的一些影響。下列何者除外？ ①胚胎發育 ②妊娠期間之母體健康 ③哺乳期間之幼兒健康 ④經期紊亂。

( ) 24. 下列何者非屬職業安全衛生法規定之勞工法定義務？ ①定期接受健康檢查 ②參加安全衛生教育訓練 ③實施自動檢查 ④遵守工作守則。

( ) 25. 下列何者非屬應對在職勞工施行之健康檢查？ ①一般健康檢查 ②體格檢查 ③特殊健康檢查 ④特定對象及特定項目之檢查。

( ) 26. 下列何者非為防範有害物食入之方法？ ①有害物與食物隔離 ②不在工作場所進食或飲水 ③常洗手、漱口 ④穿工作服。

答 案	14.③	15.③	16.①	17.④	18.③	19.③	20.②	21.③	22.④	23.④
	24.③	25.②	26.④							

( ) 27. 有關承攬管理責任，下列敘述何者正確？ ①原事業單位交付廠商承攬，如不幸發生承攬廠商所僱勞工墜落致死職業災害，原事業單位應與承攬廠商負連帶補償責任 ②原事業單位交付承攬，不需負連帶補償責任 ③承攬廠商應自負職業災害之賠償責任 ④勞工投保單位即為職業災害之賠償單位。

( ) 28. 依勞動基準法規定，主管機關或檢查機構於接獲勞工申訴事業單位違反本法及其他勞工法令規定後，應為必要之調查，並於幾日內將處理情形，以書面通知勞工？ ①14 ②20 ③30 ④60。

( ) 29. 依職業安全衛生教育訓練規則規定，新僱勞工所接受之一般安全衛生教育訓練，不得少於幾小時？ ①0.5 ②1 ③2 ④3。

( ) 30. 職業災害勞工保護法之立法目的為保障職業災害勞工之權益，以加強下列何者之預防？ ①公害 ②職業災害 ③交通事故 ④環境汙染。

( ) 31. 我國中央勞工行政主管機關為下列何者？ ①內政部 ②勞工保險局 ③勞動部 ④經濟部。

( ) 32. 對於勞動部公告列入應實施型式驗證之機械、設備或器具，下列何種情形不得免驗證？ ①依其他法律規定實施驗證者 ②供國防軍事用途使用者 ③輸入僅供科技研發之專用機 ④輸入僅供收藏使用之限量品。

( ) 33. 對於墜落危險之預防設施，下列敘述何者較為妥適？ ①在外牆施工架等高處作業應盡量使用繫腰式安全帶 ②安全帶應確實配掛在低於足下之堅固點 ③高度 2m 以上之邊緣之開口部分處應圍起警示帶 ④高度 2m 以上之開口處應設護欄或安全網。

( ) 34. 下列對於感電電流流過人體的現象之敘述何者有誤？ ①痛覺 ②強烈痙攣 ③血壓降低、呼吸急促、精神亢奮 ④顏面、手腳燒傷。

( ) 35. 下列何者非屬於容易發生墜落災害的作業場所？ ①施工架 ②廚房 ③屋頂 ④梯子、合梯。

( ) 36. 下列何者非屬危險物儲存場所應採取之火災爆炸預防措施？ ①使用工業用電風扇 ②裝設可燃性氣體偵測裝置 ③使用防爆電氣設備 ④標示「嚴禁煙火」。

( ) 37. 僱主於臨時用電設備加裝漏電斷路器，可避免下列何種災害發生？ ①墜落 ②物體倒塌；崩塌 ③感電 ④被撞。

( ) 38. 僱主要求確實管制人員不得進入吊舉物下方，可避免下列何種災害發生？ ①感電 ②墜落 ③物體飛落 ④被撞。

( ) 39. 職業上危害因子所引起的勞工疾病，稱為何種疾病？ ①職業疾病 ②法定傳染病 ③流行性疾病 ④遺傳性疾病。

( ) 40. 事業招人承攬時，其承攬人就承攬部分負僱主之責任，原事業單位就職業災害補償部分之責任為何？ ①視職業災害原因判定是否補償 ②依工程性質決定責任 ③依承攬契約決定責任 ④仍應與承攬人負連帶責任。

( ) 41. 預防職業病最根本的措施為何？ ①實施特殊健康檢查 ②實施作業環境改善 ③實施定期健康檢查 ④實施僱用前體格檢查。

| 答 案 | 27.① | 28.④ | 29.④ | 30.② | 31.③ | 32.④ | 33.④ | 34.③ | 35.② | 36.① |
| | 37.③ | 38.③ | 39.① | 40.④ | 41.② | | | | | |

( ) 42. 以下為假設性情境:「在地下室作業,當通風換氣充分時,則不易發生一氧化碳中毒或缺氧危害」,
請問「通風換氣充分」係此「一氧化碳中毒或缺氧危害」之何種描述?
①風險控制方法 ②發生機率 ③危害源 ④風險。

( ) 43. 勞工為節省時間,在未斷電情況下清理機臺,易發生哪種危害?
①捲夾感電 ②缺氧 ③墜落 ④崩塌。

( ) 44. 工作場所化學性有害物進入人體最常見路徑為下列何者?
①口腔 ②呼吸道 ③皮膚 ④眼睛。

( ) 45. 於營造工地潮濕場所中使用電動機具,為防止感電危害,應於該電路設置何種安全裝置?
①閉關箱 ②自動電擊防止裝置 ③高感度高速型漏電斷路器 ④高容量保險絲。

( ) 46. 活線作業勞工應佩戴何種防護手套? ①棉紗手套 ②耐熱手套 ③絕緣手套 ④防振手套。

( ) 47. 下列何者非屬電氣災害類型? ①電弧灼傷 ②電氣火災 ③靜電危害 ④雷電閃爍。

( ) 48. 下列何者非屬電氣之絕緣材料? ①空氣 ②氟、氯、烷 ③漂白水 ④絕緣油。

( ) 49. 下列何者非屬於工作場所作業會發生墜落災害的潛在危害因子? ①開口未設置護欄 ②未設
置安全之上下設備 ③未確實戴安全帽 ④屋頂開口下方未張掛安全網。

( ) 50. 我國職業災害勞工保護法,適用之對象為何? ①未投保健康保險之勞工
②未參加團體保險之勞工 ③失業勞工 ④未加入勞工保險而遭遇職業災害之勞工。

( ) 51. 在噪音防治之對策中,從下列哪一方面著手最為有效?
①偵測儀器 ②噪音源 ③傳播途徑 ④個人防護具。

( ) 52. 勞工於室外高氣溫作業環境工作,可能對身體產生熱危害,以下何者為非?
①熱衰竭 ②中暑 ③熱痙攣 ④痛風。

( ) 53. 勞動場所發生職業災害,災害搶救中第一要務為何? ①搶救材料減少損失 ②搶救罹災勞工迅
速送醫 ③災害場所持續工作減少損失 ④24 小時內通報勞動檢查機構。

( ) 54. 以下何者是消除職業病發生率之源頭管理對策?
①使用個人防護具 ②健康檢查 ③改善作業環境 ④多運動。

( ) 55. 下列何者非為職業病預防之危害因子?
①遺傳性疾病 ②物理性危害 ③人因工程危害 ④化學性危害。

( ) 56. 對於染有油污之破布、紙屑等應如何處置? ①與一般廢棄物一起處置 ②應分類置於回收桶內
③應蓋藏於不燃性之容器內 ④無特別規定,以方便丟棄即可。

( ) 57. 下列何者非屬使用合梯,應符合之規定? ①合梯應具有堅固之構造 ②合梯材質不得有顯著之
損傷、腐蝕等 ③梯腳與地面之角度應在 80 度以上 ④有安全之防滑梯面。

( ) 58. 下列何者非屬勞工從事電氣工作,應符合之規定?
①使其使用電工安全帽 ②穿戴絕緣防護具 ③停電作業應檢電掛接地 ④穿戴棉質手套絕緣。

答案	42.①	43.①	44.②	45.③	46.③	47.④	48.③	49.③	50.④	51.②
	52.④	53.②	54.③	55.①	56.③	57.③	58.④			

( ) 59. 為防止勞工感電，下列何者為非？ ①使用防水插頭 ②避免不當延長接線 ③設備有金屬外殼保護即可免裝漏電斷路器 ④電線架高或加以防護。

( ) 60. 電氣設備接地之目的為何？
①防止電弧產生 ②防止短路發生 ③防止人員感電 ④防止電阻增加。

( ) 61. 不當抬舉導致肌肉骨骼傷害，或工作點/坐具高度不適導致肌肉疲勞之現象，可稱之為下列何者？
①感電事件 ②不當動作 ③不安全環境 ④被撞事件。

( ) 62. 使用鑽孔機時，不應使用下列何護具？ ①耳塞 ②防塵口罩 ③棉紗手套 ④護目鏡。

( ) 63. 腕道症候群常發生於下列何作業？
①電腦鍵盤作業 ②潛水作業 ③堆高機作業 ④第一種壓力容器作業。

( ) 64. 若廢機油引起火災，最不應以下列何者滅火？ ①厚棉被 ②砂土 ③水 ④乾粉滅火器。

( ) 65. 對於化學燒傷傷患的一般處理原則，下列何者正確？ ①立即用大量清水沖洗 ②傷患必須臥下，而且頭、胸部須高於身體其他部位 ③於燒傷處塗抹油膏、油脂或發酵粉 ④使用酸鹼中和。

( ) 66. 下列何者屬安全的行為？
①不適當之支撐或防護 ②使用防護具 ③不適當之警告裝置 ④有缺陷的設備。

( ) 67. 下列何者非屬防止搬運事故之一般原則？
①以機械代替人力 ②以機動車輛搬運 ③採取適當之搬運方法 ④儘量增加搬運距離。

( ) 68. 對於脊柱或頸部受傷患者，下列何者非為適當處理原則？
①不輕易移動傷患 ②速請醫師 ③如無合用的器材，需 2 人作徒手搬運 ④向急救中心聯絡。

( ) 69. 防止噪音危害之治本對策為何？
①使用耳塞、耳罩 ②實施職業安全衛生教育訓練 ③消除發生源 ④實施特殊健康檢查。

( ) 70. 進出電梯時應以下列何者為宜？ ①裡面的人先出，外面的人再進入 ②外面的人先進去，裡面的人才出來 ③可同時進出 ④爭先恐後無妨。

( ) 71. 安全帽承受巨大外力衝擊後，雖外觀良好，應採下列何種處理方式？
①廢棄 ②繼續使用 ③送修 ④油漆保護。

( ) 72. 下列何者可做為電器線路過電流保護之用？ ①變壓器 ②電阻器 ③避雷器 ④熔絲斷路器。

( ) 73. 因舉重而扭腰係由於身體動作不自然姿勢，動作之反彈，引起扭筋、扭腰及形成類似狀態造成職業災害，其災害類型為下列何者？ ①不當狀態 ②不當動作 ③不當方針 ④不當設備。

( ) 74. 下列有關工作場所安全衛生之敘述何者有誤？ ①對於勞工從事其身體或衣著有被污染之虞之特殊作業時，應置備該勞工洗眼、洗澡、漱口、更衣、洗濯等設備 ②事業單位應備置足夠急救藥品及器材 ③事業單位應備置足夠的零食自動販賣機 ④勞工應定期接受健康檢查。

( ) 75. 毒性物質進入人體的途徑，經由那個途徑影響人體健康最快且中毒效應最高？
①吸入 ②食入 ③皮膚接觸 ④手指觸摸。

答案	59.③	60.③	61.②	62.③	63.①	64.③	65.①	66.②	67.④	68.③
	69.③	70.①	71.①	72.④	73.②	74.③	75.②			

( ) 76. 安全門或緊急出口平時應維持何狀態？　①門可上鎖但不可封死　②保持開門狀態以保持逃生路徑暢通　③門應關上但不可上鎖　④與一般進出門相同，視各樓層規定可開可關。

( ) 77. 下列那種防護具較能消減噪音對聽力的危害？　①棉花球　②耳塞　③耳罩　④碎布球。

( ) 78. 流行病學實證研究顯示，輪班、夜間及長時間工作與心肌梗塞、高血壓、睡眠障礙、憂鬱等的罹病風險之相關性一般為何？　①無　②負　③正　④可正可負。

( ) 79. 勞工若面臨長期工作負荷壓力及工作疲勞累積，沒有獲得適當休息及充足睡眠，便可能影響體能及精神狀態，甚而較易促發下列何種疾病？　①皮膚癌　②腦心血管疾病　③多發性神經病變　④肺水腫。

( ) 80. 「勞工腦心血管疾病發病的風險與年齡、吸菸、總膽固醇數值、家族病史、生活型態、心臟方面疾病」之相關性為何？　①無　②正　③負　④可正可負。

( ) 81. 勞工常處於高溫及低溫間交替暴露的情況、或常在有明顯溫差之場所間出入，對勞工的生(心)理工作負荷之影響一般為何？　①無　②增加　③減少　④不一定。

( ) 82. 「感覺心力交瘁，感覺挫折，而且上班時都很難熬」此現象與下列何者較不相關？　①可能已經快被工作累垮了　②工作相關過勞程度可能嚴重　③工作相關過勞程度輕微　④可能需要尋找專業人員諮詢。

( ) 83. 下列何者不屬於職場暴力？　①肢體暴力　②語言暴力　③家庭暴力　④性騷擾。

( ) 84. 職場內部常見之身體或精神不法侵害不包含下列何者？　①脅迫、名譽損毀、侮辱、嚴重辱罵勞工　②強求勞工執行業務上明顯不必要或不可能之工作　③過度介入勞工私人事宜　④使勞工執行與能力、經驗相符的工作。

( ) 85. 勞工服務對象若屬特殊高風險族群，如酗酒、藥癮、心理疾患或家暴者，則此勞工較易遭受下列何種危害？　①身體或心理不法侵害　②中樞神經系統退化　③聽力損失　④白指症。

( ) 86. 下列何措施較可避免工作單調重複或負荷過重？
①連續夜班　②工時過長　③排班保有規律性　④經常性加班。

( ) 87. 一般而言下列何者不屬對孕婦有危害之作業或場所？　①經常搬抬物件上下階梯或梯架　②暴露游離輻射　③工作區域地面平坦、未濕滑且無未固定之線路　④經常變換高低位之工作姿勢。

( ) 88. 長時間電腦終端機作業較不易產生下列何狀況？
①眼睛乾澀　②頸肩部僵硬不適　③體溫、心跳和血壓之變化幅度比較大　④腕道症候群。

( ) 89. 減輕皮膚燒傷程度之最重要步驟為何？
①儘速用清水沖洗　②立即刺破水泡　③立即在燒傷處塗抹油脂　④在燒傷處塗抹麵粉。

( ) 90. 眼內噴入化學物或其他異物，應立即使用下列何者沖洗眼睛？
①牛奶　②蘇打水　③清水　④稀釋的醋。

答案	76.③	77.③	78.③	79.②	80.②	81.②	82.③	83.③	84.④	85.①
	86.③	87.③	88.③	89.①	90.③					

( ) 91. 石綿最可能引起下列何種疾病？ ①白指症 ②心臟病 ③間皮細胞瘤 ④巴金森氏症。

( ) 92. 作業場所高頻率噪音較易導致下列何種症狀？
①失眠 ②聽力損失 ③肺部疾病 ④腕道症候群。

( ) 93. 下列何種患者不宜從事高溫作業？ ①近視 ②心臟病 ③遠視 ④重聽。

( ) 94. 廚房設置之排油煙機為下列何者？
①整體換氣裝置 ②局部排氣裝置 ③吹吸型換氣裝置 ④排氣煙函。

( ) 95. 消除靜電的有效方法為下列何者？ ①隔離 ②摩擦 ③接地 ④絕緣。

( ) 96. 防塵口罩選用原則，下列敘述何者錯誤？
①捕集效率愈高愈好 ②吸氣阻抗愈低愈好 ③重量愈輕愈好 ④視野愈小愈好。

( ) 97. 「勞工於職場上遭受主管或同事利用職務或地位上的優勢予以不當之對待，及遭受顧客、服務對象或其他相關人士之肢體攻擊、言語侮辱、恐嚇、威脅等霸凌或暴力事件，致發生精神或身體上的傷害」此等危害可歸類於下列何種職業危害？
①物理性 ②化學性 ③社會心理性 ④生物性。

( ) 98. 有關高風險或高負荷、夜間工作之安排或防護措施，下列何者不恰當？ ①若受威脅或加害時，在加害人離開前觸動警報系統，激怒加害人，使對方抓狂 ②參照醫師之適性配工建議 ③考量人力或性別之適任性 ④獨自作業，宜考量潛在危害，如性暴力。

( ) 99. 若勞工工作性質需與陌生人接觸、工作中需處理不可預期的突發事件或工作場所治安狀況較差，較容易遭遇下列何種危害？ ①組織內部不法侵害 ②組織外部不法侵害 ③多發性神經病變 ④潛涵症。

( ) 100. 以下何者不是發生電氣火災的主要原因？
①電器接點短路 ②電氣火花 ③電纜線置於地上 ④漏電。

| 答 案 | 91.③ | 92.② | 93.② | 94.② | 95.③ | 96.④ | 97.③ | 98.① | 99.② | 100.③ |

工作項目 02

工作倫理與職業道德

( ) 1. 請問下列何者「不是」個人資料保護法所定義的個人資料？
①身分證號碼 ②最高學歷 ③綽號 ④護照號碼。

( ) 2. 下列何者「違反」個人資料保護法？ ①公司基於人事管理之特定目的，張貼榮譽榜揭示績優員工姓名 ②縣市政府提供村里長轄區內符合資格之老人名冊供發放敬老金 ③網路購物公司為辦理退貨，將客戶之住家地址提供予宅配公司 ④學校將應屆畢業生之住家地址提供補習班招生使用。

( ) 3. 非公務機關利用個人資料進行行銷時，下列敘述何者「錯誤」？ ①若已取得當事人書面同意，當事人即不得拒絕利用其個人資料行銷 ②於首次行銷時，應提供當事人表示拒絕行銷之方式 ③當事人表示拒絕接受行銷時，應停止利用其個人資料 ④倘非公務機關違反「應即停止利用其個人資料行銷」之義務，未於限期內改正者，按次處新臺幣 2 萬元以上 20 萬元以下罰鍰。

( ) 4. 個人資料保護法為保護當事人權益，多少位以上的當事人提出告訴，就可以進行團體訴訟
①5 人 ②10 人 ③15 人 ④20 人。

( ) 5. 關於個人資料保護法規之敘述，下列何者「錯誤」？ ①公務機關執行法定職務必要範圍內，可以蒐集、處理或利用一般性個人資料 ②間接蒐集之個人資料，於處理或利用前，不必告知當事人個人資料來源 ③非公務機關亦應維護個人資料之正確，並主動或依當事人之請求更正或補充 ④外國學生在臺灣短期進修或留學，也受到我國個資法的保障。

( ) 6. 下列關於個人資料保護法的敘述，下列敘述何者錯誤？ ①不管是否使用電腦處理的個人資料，都受個人資料保護法保護 ②公務機關依法執行公權力，不受個人資料保護法規範 ③身分證字號、婚姻、指紋都是個人資料 ④我的病歷資料雖然是由醫生所撰寫，但也屬於是我的個人資料範圍。

( ) 7. 對於依照個人資料保護法應告知之事項，下列何者不在法定應告知的事項內？ ①個人資料利用之期間、地區、對象及方式 ②蒐集之目的 ③蒐集機關的負責人姓名 ④如拒絕提供或提供不正確個人資料將造成之影響。

( ) 8. 請問下列何者非為個人資料保護法第 3 條所規範之當事人權利？ ①查詢或請求閱覽 ②請求刪除他人之資料 ③請求補充或更正 ④請求停止蒐集、處理或利用。

( ) 9. 下列何者非安全使用電腦內的個人資料檔案的做法？
①利用帳號與密碼登入機制來管理可以存取個資者的人 ②規範不同人員可讀取的個人資料檔案範圍 ③個人資料檔案使用完畢後立即退出應用程式，不得留置於電腦中 ④為確保重要的個人資料可即時取得，將登入密碼標示在螢幕下方。

| 答案 | 1.③ | 2.④ | 3.① | 4.④ | 5.② | 6.② | 7.③ | 8.② | 9.④ |

( ) 10. 下列何者行爲非屬個人資料保護法所稱之國際傳輸？ ①將個人資料傳送給經濟部 ②將個人資料傳送給美國的分公司 ③將個人資料傳送給法國的人事部門 ④將個人資料傳送給日本的委託公司。

( ) 11. 有關專利權的敘述，何者正確？ ①專利有規定保護年限，當某商品、技術的專利保護年限屆滿，任何人皆可運用該項專利 ②我發明了某項商品，卻被他人率先申請專利權，我仍可主張擁有這項商品的專利權 ③專利權可涵蓋、保護抽象的概念性商品 ④專利權爲世界所共有，在本國申請專利之商品進軍國外，不需向他國申請專利權。

( ) 12. 下列使用重製行爲，何者已超出「合理使用」範圍？ ①將著作權人之作品及資訊，下載供自己使用 ②直接轉貼高普考考古題在 FACEBOOK ③以分享網址的方式轉貼資訊分享於 BBS ④將講師的授課內容錄音供分贈友人。

( ) 13. 下列有關智慧財產權行爲之敘述，何者有誤？ ①製造、販售仿冒註冊商標的商品不屬於公訴罪之範疇，但已侵害商標權之行爲 ②以 101 大樓、美麗華百貨公司做爲拍攝電影的背景，屬於合理使用的範圍 ③原作者自行創作某音樂作品後，即可宣稱擁有該作品之著作權 ④商標權是爲促進文化發展爲目的，所保護的財產權之一。

( ) 14. 專利權又可區分爲發明、新型與設計三種專利權，其中，發明專利權是否有保護期限？期限爲何？ ①有，5 年 ②有，20 年 ③有，50 年 ④無期限，只要申請後就永久歸申請人所有。

( ) 15. 下列有關著作權之概念，何者正確？ ①國外學者之著作，可受我國著作權法的保護 ②公務機關所函頒之公文，受我國著作權法的保護 ③著作權要待向智慧財產權申請通過後才可主張 ④以傳達事實之新聞報導，依然受著作權之保障。

( ) 16. 受雇人於職務上所完成之著作，如果沒有特別以契約約定，其著作人爲下列何者？ ①雇用人 ②受雇人 ③雇用公司或機關法人代表 ④由雇用人指定之自然人或法人。

( ) 17. 任職於某公司的程式設計工程師，因職務所編寫之電腦程式，如果沒有特別以契約約定，則該電腦程式重製之權利歸屬下列何者？ ①公司 ②編寫程式之工程師 ③公司全體股東共有 ④公司與編寫程式之工程師共有。

( ) 18. 某公司員工因執行業務，擅自以重製之方法侵害他人之著作財產權，若被害人提起告訴，下列對於處罰對象的敘述，何者正確？ ①僅處罰侵犯他人著作財產權之員工 ②僅處罰雇用該名員工的公司 ③該名員工及其雇主皆須受罰 ④員工只要在從事侵犯他人著作財產權之行爲前請示雇主並獲同意，便可以不受處罰。

( ) 19. 某廠商之商標在我國已經獲准註冊，請問若希望將商品行銷販賣到國外，請問是否需在當地申請註冊才能受到保護？ ①是，因爲商標權註冊採取屬地保護原則 ②否，因爲我國申請註冊之商標權在國外也會受到承認 ③不一定，需視我國是否與商品希望行銷販賣的國家訂有相互商標承認之協定 ④不一定，需視商品希望行銷販賣的國家是否爲 WTO 會員國。

( ) 20. 受雇人於職務上所完成之發明、新型或設計，其專利申請權及專利權如未特別約定屬於下列何者？ ①雇用人 ②受雇人 ③雇用人所指定之自然人或法人 ④雇用人與受雇人共有。

答案	10.①	11.①	12.④	13.①	14.②	15.①	16.②	17.①	18.③	19.①
	20.①									

( ) 21. 任職大發公司的郝聰明，專門從事技術研發，有關研發技術的專利申請權及專利權歸屬，下列敘述何者錯誤？ ①職務上所完成的發明，除契約另有約定外，專利申請權及專利權屬於大發公司 ②職務上所完成的發明，雖然專利申請權及專利權屬於大發公司，但是郝聰明享有姓名表示權 ③郝聰明完成非職務上的發明，應即以書面通知大發公司 ④大發公司與郝聰明之雇傭契約約定，郝聰明非職務上的發明，全部屬於公司，約定有效。

( ) 22. 有關著作權的下列敘述何者錯誤？ ①我們到表演場所觀看表演時，不可隨便錄音或錄影 ②到攝影展上，拿相機拍攝展示的作品，分贈給朋友，是侵害著作權的行為 ③網路上供人下載的免費軟體，都不受著作權法保護，所以我可以燒成大補帖光碟，再去賣給別人 ④高普考試題，不受著作權法保護。

( ) 23. 有關著作權的下列敘述何者錯誤？ ①撰寫碩博士論文時，在合理範圍內引用他人的著作，只要註明出處，不會構成侵害著作權 ②在網路散布盜版光碟，不管有沒有營利，會構成侵害著作權 ③在網路的部落格看到一篇文章很棒，只要註明出處，就可以把文章複製在自己的部落格 ④將補習班老師的上課內容錄音檔，放到網路上拍賣，會構成侵害著作權。

( ) 24. 有關商標權的下列敘述何者錯誤？ ①要取得商標權一定要申請商標註冊 ②商標註冊後可取得 10 年商標權 ③商標註冊後，3 年不使用，會被廢止商標權 ④在夜市買的仿冒品，品質不好，上網拍賣，不會構成侵權。

( ) 25. 下列關於營業秘密的敘述，何者不正確？ ①受雇人於非職務上研究或開發之營業秘密，仍歸雇用人所有 ②營業秘密不得為質權及強制執行之標的 ③營業秘密所有人得授權他人使用其營業秘密 ④營業秘密得全部或部分讓與他人或與他人共有。

( ) 26. 下列何者「非」屬於營業秘密？ ①具廣告性質的不動產交易底價 ②產品設計或開發流程圖示 ③公司內部的各種計畫方案 ④客戶名單。

( ) 27. 營業秘密可分為「技術機密」與「商業機密」，下列何者屬於「商業機密」？ ①程式 ②設計圖 ③客戶名單 ④生產製程。

( ) 28. 甲公司將其新開發受營業秘密法保護之技術，授權乙公司使用，下列何者不得為之？ ①乙公司已獲授權，所以可以未經甲公司同意，再授權丙公司使用 ②約定授權使用限於一定之地域、時間 ③約定授權使用限於特定之內容、一定之使用方法 ④要求被授權人乙公司在一定期間負有保密義務。

( ) 29. 甲公司嚴格保密之最新配方產品大賣，下列何者侵害甲公司之營業秘密？ ①鑑定人 A 因司法審理而知悉配方 ②甲公司授權乙公司使用其配方 ③甲公司之 B 員工擅自將配方盜賣給乙公司 ④甲公司與乙公司協議共有配方。

( ) 30. 故意侵害他人之營業秘密，法院因被害人之請求，最高得酌定損害額幾倍之賠償？ ①1 倍 ②2 倍 ③3 倍 ④4 倍。

答案	21.④	22.③	23.③	24.④	25.①	26.①	27.③	28.①	29.③	30.③

( ) 31. 受雇者因承辦業務而知悉營業秘密，在離職後對於該營業秘密的處理方式，下列敘述何者正確？
①聘雇關係解除後便不再負有保障營業秘密之責　②僅能自用而不得販售獲取利益　③自離職日起 3 年後便不再負有保障營業秘密之責　④離職後仍不得洩漏該營業秘密。

( ) 32. 按照現行法律規定，侵害他人營業秘密，其法律責任為：
①僅需負刑事責任　②僅需負民事損害賠償責任　③刑事責任與民事損害賠償責任皆須負擔
④刑事責任與民事損害賠償責任皆不須負擔。

( ) 33. 企業內部之營業秘密，可以概分為「商業性營業秘密」及「技術性營業秘密」二大類型，請問下列何者屬於「技術性營業秘密」？　①人事管理　②經銷據點　③產品配方　④客戶名單。

( ) 34. 某離職同事請求在職員工將離職前所製作之某份文件傳送給他，請問下列回應方式何者正確？
①由於該項文件係由該離職員工製作，因此可以傳送文件　②若其目的僅為保留檔案備份，便可以傳送文件　③可能構成對於營業秘密之侵害，應予拒絕並請他直接向公司提出請求　④視彼此交情決定是否傳送文件。

( ) 35. 行為人以竊取等不正當方法取得營業秘密，下列敘述何者正確？　①已構成犯罪　②只要後續沒有洩漏便不構成犯罪　③只要後續沒有出現使用之行為便不構成犯罪　④只要後續沒有造成所有人之損害便不構成犯罪。

( ) 36. 針對在我國境內竊取營業秘密後，意圖在外國、中國大陸或港澳地區使用者，營業秘密法是否可以適用？　①無法適用　②可以適用，但若屬未遂犯則不罰　③可以適用並加重其刑　④能否適用需視該國家或地區與我國是否簽訂相互保護營業秘密之條約或協定。

( ) 37. 所謂營業秘密，係指方法、技術、製程、配方、程式、設計或其他可用於生產、銷售或經營之資訊，但其保障所需符合的要件不包括下列何者？　①因其秘密性而具有實際之經濟價值者　②所有人已採取合理之保密措施者　③因其秘密性而具有潛在之經濟價值者　④一般涉及該類資訊之人所知者。

( ) 38. 因故意或過失而不法侵害他人之營業秘密者，負損害賠償責任該損害賠償之請求權，自請求權人知有行為及賠償義務人時起，幾年間不行使就會消滅？
①2 年　②5 年　③7 年　④10 年。

( ) 39. 公務機關首長要求人事單位聘僱自己的弟弟擔任工友，違反何種法令？
①公職人員利益衝突迴避法　②刑法　③貪污治罪條例　④未違反法令。

( ) 40. 依新修公布之公職人員利益衝突迴避法(以下簡稱本法)規定，公職人員甲與其關係人下列何種行為不違反本法？　①甲要求受其監督之機關聘用兒子乙　②配偶乙以請託關說之方式，請求甲之服務機關通過其名下農地變更使用申請案　③甲承辦案件時，明知有利益衝突之情事，但因自認為人公正，故不自行迴避　④關係人丁經政府採購法公告程序取得甲服務機關之年度採購標案。

( ) 41. 公司負責人為了要節省開銷，將員工薪資以高報低來投保全民健保及勞保，是觸犯了刑法上之何種罪刑？　①詐欺罪　②侵占罪　③背信罪　④工商秘密罪。

答　案	31.④	32.③	33.③	34.③	35.①	36.③	37.④	38.①	39.①	40.④
	41.①									

( ) 42. A 受雇於公司擔任會計，因自己的財務陷入危機，多次將公司帳款轉入妻兒戶頭，是觸犯了刑法上之何種罪刑？ ①洩漏工商秘密罪 ②侵占罪 ③詐欺罪 ④偽造文書罪。

( ) 43. 某甲於公司擔任業務經理時，未依規定經董事會同意，私自與自己親友之公司訂定生意合約，會觸犯下列何種罪刑？ ①侵占罪 ②貪污罪 ③背信罪 ④詐欺罪。

( ) 44. 如果你擔任公司採購的職務，親朋好友們會向你推銷自家的產品，希望你要採購時，你應該 ①適時地婉拒，說明利益需要迴避的考量，請他們見諒 ②既然是親朋好友，就應該互相幫忙 ③建議親朋好友將產品折扣，折扣部分歸於自己，就會採購 ④可以暗中地幫忙親朋好友，進行採購，不要被發現有親友關係便可。

( ) 45. 小美是公司的業務經理，有一天巧遇國中同班的死黨小林，發現他是公司的下游廠商老闆。最近小美處理一件公司的招標案件，小林的公司也在其中，私下約小美見面，請求她提供這次招標案的底標，並馬上要給予幾十萬元的前謝金，請問小美該怎麼辦？ ①退回錢，並告訴小林都是老朋友，一定會全力幫忙 ②收下錢，將錢拿出來給單位同事們分紅 ③應該堅決拒絕，並避免每次見面都與小林談論相關業務問題 ④朋友一場，給他一個比較接近底標的金額，反正又不是正確的，所以沒關係。

( ) 46. 公司發給每人一台平板電腦提供業務上使用，但是發現根本很少再使用，為了讓它有效的利用，所以將它拿回家給親人使用，這樣的行為是 ①可以的，這樣就不用花錢買 ②可以的，因為，反正如果放在那裡不用它，是浪費資源的 ③不可以的，因為這是公司的財產，不能私用 ④不可以的，因為使用年限未到，如果年限到報廢了，便可以拿回家。

( ) 47. 公司的車子，假日又沒人使用，你是鑰匙保管者，請問假日可以開出去嗎？ ①可以，只要付費加油即可 ②可以，反正假日不影響公務 ③不可以，因為是公司的，並非私人擁有 ④不可以，應該是讓公司想要使用的員工，輪流使用才可。

( ) 48. 阿哲是財經線的新聞記者，某次採訪中得知 A 公司在一個月內將有一個大的併購案，這個併購案顯示公司的財力，且能讓 A 公司股價往上飆升。請問阿哲得知此消息後，可以立刻購買該公司的股票嗎？ ①可以，有錢大家賺 ②可以，這是我努力獲得的消息 ③可以，不賺白不賺 ④不可以，屬於內線消息，必須保持記者之操守，不得洩漏。

( ) 49. 與公務機關接洽業務時，下列敘述何者「正確」？ ①沒有要求公務員違背職務，花錢疏通而已，並不違法 ②唆使公務機關承辦採購人員配合浮報價額，僅屬偽造文書行為 ③口頭允諾行賄金額但還沒送錢，尚不構成犯罪 ④與公務員同謀之共犯，即便不具公務員身分，仍會依據貪污治罪條例處刑。

( ) 50. 公司總務部門員工因辦理政府採購案，而與公務機關人員有互動時，下列敘述何者「正確」？ ①對於機關承辦人，經常給予不超過新台幣 5 佰元以下的好處，無論有無對價關係，對方收受皆符合廉政倫理規範 ②招待驗收人員至餐廳用餐，是慣例屬社交禮貌行為 ③因民俗節慶公開舉辦之活動，機關公務員在簽准後可受邀參與 ④以借貸名義，餽贈財物予公務員，即可規避刑事追究。

答 案	42.②	43.③	44.①	45.③	46.③	47.③	48.④	49.④	50.③

( ) 51. 與公務機關有業務往來構成職務利害關係者，下列敘述何者「正確」？ ①將餽贈之財物請公務員父母代轉，該公務員亦已違反規定 ②與公務機關承辦人飲宴應酬爲增進基本關係的必要方法 ③高級茶葉低價售予有利害關係之承辦公務員，有價購行爲就不算違反法規 ④機關公務員藉子女婚宴廣邀業務往來廠商之行爲，並無不妥。

( ) 52. 貪污治罪條例所稱之「賄賂或不正利益」與公務員廉政倫理規範所稱之「餽贈財物」，其最大差異在於下列何者之有無？ ①利害關係 ②補助關係 ③隸屬關係 ④對價關係。

( ) 53. 廠商某甲承攬公共工程，工程進行期間，甲與其工程人員經常招待該公共工程委辦機關之監工及驗收之公務員喝花酒或招待出國旅遊，下列敘述何者爲對？ ①公務員若沒有收現金，就沒有罪 ②只要工程沒有問題，某甲與監工及驗收等相關公務員就沒有犯罪 ③因爲不是送錢，所以都沒有犯罪 ④某甲與相關公務員均已涉嫌觸犯貪污治罪條例。

( ) 54. 行（受）賄罪成立要素之一爲具有對價關係，而作爲公務員職務之對價有「賄賂」或「不正利益」，下列何者「不」屬於「賄賂」或「不正利益」？ ①開工邀請公務員觀禮 ②送百貨公司大額禮券 ③免除債務 ④招待吃米其林等級之高檔大餐。

( ) 55. 下列關於政府採購人員之敘述，何者爲正確？ ①非主動向廠商求取，偶發地收取廠商致贈價值在新臺幣 500 元以下之廣告物、促銷品、紀念品 ②要求廠商提供與採購無關之額外服務 ③利用職務關係向廠商借貸 ④利用職務關係媒介親友至廠商處所任職。

( ) 56. 下列有關貪腐的敘述何者錯誤？ ①貪腐會危害永續發展和法治 ②貪腐會破壞民主體制及價值觀 ③貪腐會破壞倫理道德與正義 ④貪腐有助降低企業的經營成本。

( ) 57. 下列有關促進參與預防和打擊貪腐的敘述何者錯誤？ ①提高政府決策透明度 ②廉政機構應受理匿名檢舉 ③儘量不讓公民團體、非政府組織與社區組織有參與的機會 ④向社會大眾及學生宣導貪腐「零容忍」觀念。

( ) 58. 下列何者不是設置反貪腐專責機構須具備的必要條件？ ①賦予該機構必要的獨立性 ②使該機構的工作人員行使職權不會受到不當干預 ③提供該機構必要的資源、專職工作人員及必要培訓 ④賦予該機構的工作人員有權力可隨時逮捕貪污嫌疑人。

( ) 59. 爲建立良好之公司治理制度，公司內部宜納入何種檢舉人制度？ ①告訴乃論制度 ②吹哨者（whistleblower）管道及保護制度 ③不告不理制度 ④非告訴乃論制度。

( ) 60. 檢舉人向有偵查權機關或政風機構檢舉貪污瀆職，必須於何時爲之始可能給與獎金？ ①犯罪未起訴前 ②犯罪未發覺前 ③犯罪未遂前 ④預備犯罪前。

( ) 61. 公司訂定誠信經營守則時，不包括下列何者？ ①禁止不誠信行爲 ②禁止行賄及收賄 ③禁止提供不法政治獻金 ④禁止適當慈善捐助或贊助。

( ) 62. 檢舉人應以何種方式檢舉貪污瀆職始能核給獎金？ ①匿名 ②委託他人檢舉 ③以眞實姓名檢舉 ④以他人名義檢舉。

答案	51.①	52.④	53.④	54.①	55.①	56.④	57.③	58.④	59.②	60.②
	61.④	62.③								

( ) 63. 我國制定何法以保護刑事案件之證人，使其勇於出面作證，俾利犯罪之偵查、審判？
①貪污治罪條例　②刑事訴訟法　③行政程序法　④證人保護法。

( ) 64. 下列何者「非」屬公司對於企業社會責任實踐之原則？
①加強個人資料揭露　②維護社會公益　③發展永續環境　④落實公司治理。

( ) 65. 下列何者「不」屬於職業素養的範疇？
①獲利能力　②正確的職業價值觀　③職業知識技能　④良好的職業行為習慣。

( ) 66. 下列行為何者「不」屬於敬業精神的表現？
①遵守時間約定　②遵守法律規定　③保守顧客隱私　④隱匿公司產品瑕疵訊息。

( ) 67. 下列何者符合專業人員的職業道德？
①未經雇主同意，於上班時間從事私人事務　②利用雇主的機具設備私自接單生產　③未經顧客同意，任意散佈或利用顧客資料　④盡力維護雇主及客戶的權益。

( ) 68. 身為公司員工必須維護公司利益，下列何者是正確的工作態度或行為？
①將公司逾期的產品更改標籤　②施工時以省時、省料為獲利首要考量，不顧品質　③服務時首先考慮公司的利益，然後再考量顧客權益　④工作時謹守本分，以積極態度解決問題。

( ) 69. 身為專業技術工作人士，應以何種認知及態度服務客戶？
①若客戶不瞭解，就儘量減少成本支出，抬高報價　②遇到維修問題，儘量拖過保固期　③主動告知可能碰到問題及預防方法　④隨著個人心情來提供服務的內容及品質。

( ) 70. 因為工作本身需要高度專業技術及知識，所以在對客戶服務時應
①不用理會顧客的意見　②保持親切、真誠、客戶至上的態度　③若價錢較低，就敷衍了事
④以專業機密為由，不用對客戶說明及解釋。

( ) 71. 從事專業性工作，在與客戶約定時間應　①保持彈性，任意調整　②儘可能準時，依約定時間完成工作　③能拖就拖，能改就改　④自己方便就好，不必理會客戶的要求。

( ) 72. 從事專業性工作，在服務顧客時應有的態度是
①選擇最安全、經濟及有效的方法完成工作　②選擇工時較長、獲利較多的方法服務客戶
③為了降低成本，可以降低安全標準　④不必顧及雇主和顧客的立場。

( ) 73. 當發現公司的產品可能會對顧客身體產生危害時，正確的作法或行動應是
①立即向主管或有關單位報告　②若無其事，置之不理　③儘量隱瞞事實，協助掩飾問題
④透過管道告知媒體或競爭對手。

( ) 74. 以下哪一項員工的作為符合敬業精神？　①利用正常工作時間從事私人事務　②運用雇主的資源，從事個人工作　③未經雇主同意擅離工作崗位　④謹守職場紀律及禮節，尊重客戶隱私。

( ) 75. 如果發現有同事，利用公司的財產做私人的事，我們應該要　①未經查證或勸阻立即向主管報告
②應該立即勸阻，告知他這是不對的行為　③不關我的事，我只要管好自己便可以　④應該告訴其他同事，讓大家來共同糾正與斥責他。

答案	63.④	64.①	65.①	66.④	67.④	68.④	69.③	70.②	71.②	72.①
	73.①	74.④	75.②							

( ) 76. 小禎離開異鄉就業，來到小明的公司上班，小明是當地的人，他應該：
①不關他的事，自己管好就好 ②多關心小禎的生活適應情況，如有困難加以協助 ③小禎非當地人，應該不容易相處，不要有太多接觸 ④小禎是同單位的人，是個競爭對手，應該多加防範。

( ) 77. 小張獲選為小孩學校的家長會長，這個月要召開會議，沒時間準備資料，所以，利用上班期間有空檔，非休息時間來完成，請問是否可以： ①可以，因為不耽誤他的工作 ②可以，因為他能力好，能夠同時完成很多事 ③不可以，因為這是私事，不可以利用上班時間完成 ④可以，只要不要被發現。

( ) 78. 小吳是公司的專用司機，為了能夠隨時用車，經過公司同意，每晚都將公司的車開回家，然而，他發現反正每天上班路線，都要經過女兒學校，就順便載女兒上學，請問可以嗎？
①可以，反正順路 ②不可以，這是公司的車不能私用 ③可以，只要不被公司發現即可 ④可以，要資源須有效使用。

( ) 79. 如果公司受到不當與不正確的毀謗與指控，你應該是： ①加入毀謗行列，將公司內部的事情，都說出來告訴大家 ②相信公司，幫助公司對抗這些不實的指控 ③向媒體爆料，更多不實的內容 ④不關我的事，只要能夠領到薪水就好。

( ) 80. 筱珮要離職了，公司主管交代，她要做業務上的交接，她該怎麼辦？ ①不用理它，反正都要離開公司了 ②把以前的業務資料都刪除或設密碼，讓別人都打不開 ③應該將承辦業務整理歸檔清楚，並且留下聯絡的方式，未來有問題可以詢問她 ④盡量交接，如果離職日一到，就不關他的事。

( ) 81. 彥江是職場上的新鮮人，剛進公司不久，他應該具備怎樣的態度。 ①上班、下班，管好自己便可 ②仔細觀察公司生態，加入某些小團體，以做為後盾 ③只要做好人脈關係，這樣以後就好辦事 ④努力做好自己職掌的業務，樂於工作，與同事之間有良好的互動，相互協助。

( ) 82. 在公司內部行使商務禮儀的過程，主要以參與者在公司中的何種條件來訂定順序
①年齡 ②性別 ③社會地位 ④職位。

( ) 83. 一位職場新鮮人剛進公司時，良好的工作態度是 ①多觀察、多學習，了解企業文化和價值觀 ②多打聽哪一個部門比較輕鬆，升遷機會較多 ③多探聽哪一個公司在找人，隨時準備跳槽走人 ④多遊走各部門認識同事，建立自己的小圈圈。

( ) 84. 乘坐轎車時，如有司機駕駛，按照乘車禮儀，以司機的方位來看，首位應為
①後排右側 ②前座右側 ③後排左側 ④後排中間。

( ) 85. 根據性別工作平等法，下列何者非屬職場性騷擾？
①公司員工執行職務時，客戶對其講黃色笑話，該員工感覺被冒犯 ②雇主對求職者要求交往，作為雇用與否之交換條件 ③公司員工執行職務時，遭到同事以「女人就是沒大腦」性別歧視用語加以辱罵，該員工感覺其人格尊嚴受損 ④公司員工下班後搭乘捷運，在捷運上遭到其他乘客偷拍。

答案	76.②	77.③	78.②	79.②	80.③	81.④	82.④	83.①	84.①	85.④

( ) 86. 根據性別工作平等法，下列何者非屬職場性別歧視？ ①雇主考量男性賺錢養家之社會期待，提供男性高於女性之薪資 ②雇主考量女性以家庭為重之社會期待，裁員時優先資遣女性 ③雇主事先與員工約定倘其有懷孕之情事，必須離職 ④有未滿 2 歲子女之男性員工，也可申請每日六十分鐘的哺乳時間。

( ) 87. 根據性別工作平等法，有關雇主防治性騷擾之責任與罰則，下列何者錯誤？ ①僱用受僱者 30 人以上者，應訂定性騷擾防治措施、申訴及懲戒辦法 ②雇主知悉性騷擾發生時，應採取立即有效之糾正及補救措施 ③雇主違反應訂定性騷擾防治措施之規定時，處以罰鍰即可，不用公布其姓名 ④雇主違反應訂定性騷擾申訴管道者，應限期令其改善，屆期未改善者，應按次處罰。

( ) 88. 根據性騷擾防治法，有關性騷擾之責任與罰則，下列何者錯誤？ ①對他人為性騷擾者，如果沒有造成他人財產上之損失，就無需負擔金錢賠償之責任 ②對於因教育、訓練、醫療、公務、業務、求職，受自己監督、照護之人，利用權勢或機會為性騷擾者，得加重科處罰鍰至二分之一 ③意圖性騷擾，乘人不及抗拒而為親吻、擁抱或觸摸其臀部、胸部或其他身體隱私處之行為者，處 2 年以下有期徒刑、拘役或科或併科 10 萬元以下罰金 ④對他人為性騷擾者，由直轄市、縣(市)主管機關處 1 萬元以上 10 萬元以下罰鍰。

( ) 89. 根據消除對婦女一切形式歧視公約(CEDAW)，下列何者正確？ ①對婦女的歧視指基於性別而作的任何區別、排斥或限制 ②只關心女性在政治方面的人權和基本自由 ③未要求政府需消除個人或企業對女性的歧視 ④傳統習俗應予保護及傳承，即使含有歧視女性的部分，也不可以改變。

( ) 90. 學校駐衛警察之遴選規定以服畢兵役作為遴選條件之一，根據消除對婦女一切形式歧視公約(CEDAW)，下列何者錯誤？ ①服畢兵役者仍以男性為主，此條件已排除多數女性被遴選的機會，屬性別歧視 ②此遴選條件未明定限男性，不屬性別歧視 ③駐衛警察之遴選應以從事該工作所需的能力或資格作為條件 ④已違反 CEDAW 第 1 條對婦女的歧視。

( ) 91. 某規範明定地政機關進用女性測量助理名額，不得超過該機關測量助理名額總數二分之一，根據消除對婦女一切形式歧視公約(CEDAW)，下列何者正確？ ①限制女性測量助理人數比例，屬於直接歧視 ②土地測量經常在戶外工作，基於保護女性所作的限制，不屬性別歧視 ③此項二分之一規定是為促進男女比例平衡 ④此限制是為確保機關業務順暢推動，並未歧視女性。

( ) 92. 根據消除對婦女一切形式歧視公約(CEDAW)之間接歧視意涵，下列何者錯誤？ ①一項法律、政策、方案或措施表面上對男性和女性無任何歧視，但實際上卻產生歧視女性的效果 ②察覺間接歧視的一個方法，是善加利用性別統計與性別分析 ③如果未正視歧視之結構和歷史模式，及忽略男女權力關係之不平等，可能使現有不平等狀況更為惡化 ④不論在任何情況下，只要以相同方式對待男性和女性，就能避免間接歧視之產生。

( ) 93. 關於菸品對人體的危害的敘述，下列何者「正確」？ ①只要開電風扇、或是空調就可以去除二手菸 ②抽雪茄比抽紙菸危害還要小 ③吸菸者比不吸菸者容易得肺癌 ④只要不將菸吸入肺部，就不會對身體造成傷害。

| 答 案 | 86.④ | 87.③ | 88.① | 89.① | 90.② | 91.① | 92.④ | 93.③ |

( ) 94. 下列何者「不是」菸害防制法之立法目的？
①防制菸害 ②保護未成年免於菸害 ③保護孕婦免於菸害 ④促進菸品的使用。

( ) 95. 有關菸害防制法規範，「不可販賣菸品」給幾歲以下的人？
①20 ②19 ③18 ④17。

( ) 96. 按菸害防制法規定，對於在禁菸場所吸菸會被罰多少錢？ ①新臺幣 2 千元至 1 萬元罰鍰
②新臺幣 1 千元至 5 千罰鍰 ③新臺幣 1 萬元至 5 萬元罰鍰 ④新臺幣 2 萬元至 10 萬元罰鍰。

( ) 97. 按菸害防制法規定，下列敘述何者錯誤？ ①只有老闆、店員才可以出面勸阻在禁菸場所抽菸的
人 ②任何人都可以出面勸阻在禁菸場所抽菸的人 ③餐廳、旅館設置室內吸菸室，需經專業技
師簽證核可 ④加油站屬易燃易爆場所，任何人都要勸阻在禁菸場所抽菸的人。

( ) 98. 按菸害防制法規定，對於主管每天在辦公室內吸菸，應如何處理？ ①未違反菸害防制法
②因為是主管，所以只好忍耐 ③撥打菸害申訴專線檢舉(0800-531-531) ④開空氣清淨機，睜
一隻眼閉一睜眼。

( ) 99. 對電子煙的敘述，何者錯誤？
①含有尼古丁會成癮 ②會有爆炸危險 ③含有毒致癌物質 ④可以幫助戒菸。

( ) 100. 下列何者是錯誤的「戒菸」方式？ ①撥打戒菸專線 0800-63-63-63 ②求助醫療院所、社區藥
局專業戒菸 ③參加醫院或衛生所所辦理的戒菸班 ④自己購買電子煙來戒菸。

答 案	94.④	95.③	96.①	97.①	98.③	99.④	100.④

工作項目 03

環境保護

( ) 1. 世界環境日是在每一年的 ①6月5日 ②4月10日 ③3月8日 ④11月12日。

( ) 2. 2015年巴黎協議之目的為何？
①避免臭氧層破壞 ②減少持久性污染物排放 ③遏阻全球暖化趨勢 ④生物多樣性保育。

( ) 3. 下列何者為環境保護的正確作為？
①多吃肉少蔬食 ②自己開車不共乘 ③鐵馬步行 ④不隨手關燈。

( ) 4. 下列何種行為對生態環境會造成較大的衝擊？
①植種原生樹木 ②引進外來物種 ③設立國家公園 ④設立保護區。

( ) 5. 下列哪一種飲食習慣能減碳抗暖化？
①多吃速食 ②多吃天然蔬果 ③多吃牛肉 ④多選擇吃到飽的餐館。

( ) 6. 小明於隨地亂丟垃圾之現場遇依廢棄物清理法執行稽查人員要求提示身分證明，如小明無故拒絕提供，將受何處分？
①勸導改善 ②移送警察局 ③處新臺幣6百元以上3千元以下罰鍰 ④接受環境講習。

( ) 7. 小狗在道路或其他公共場所便溺時，應由何人負責清除？
①主人 ②清潔隊 ③警察 ④土地所有權人。

( ) 8. 四公尺以內之公共巷、弄路面及水溝之廢棄物，應由何人負責清除？
①里辦公處 ②清潔隊 ③相對戶或相鄰戶分別各半清除 ④環保志工。

( ) 9. 外食自備餐具是落實綠色消費的哪一項表現？
①重複使用 ②回收再生 ③環保選購 ④降低成本。

( ) 10. 再生能源一般是指可永續利用之能源，主要包括哪些：A.化石燃料 B.風力 C.太陽能 D.水力？ ①ACD ②BCD ③ABD ④ABCD。

( ) 11. 何謂水足跡，下列何者是正確的？ ①水利用的途徑 ②每人用水量紀錄 ③消費者所購買的商品，在生產過程中消耗的用水量 ④水循環的過程。

( ) 12. 依環境基本法第3條規定，基於國家長期利益，經濟、科技及社會發展均應兼顧環境保護。但如果經濟、科技及社會發展對環境有嚴重不良影響或有危害時，應以何者優先？
①經濟 ②科技 ③社會 ④環境。

( ) 13. 某工廠產生之廢棄物欲再利用，應依何種方式辦理？ ①依當地環境保護局規定辦理 ②依環境保護署規定辦理 ③依經濟部規定辦理 ④直接給其他有需要之工廠。

答 案	1.①	2.③	3.③	4.②	5.②	6.③	7.①	8.③	9.①	10.②
	11.③	12.④	13.③							

( ) 14. 逛夜市時常有攤位在販賣滅蟑藥，下列何者正確？ ①滅蟑藥是藥，中央主管機關爲衛生福利部 ②滅蟑藥是環境衛生用藥，中央主管機關是環境保護署 ③只要批貨，人人皆可販賣滅蟑藥，不須領得許可執照 ④滅蟑藥之包裝上不用標示有效期限。

( ) 15. 森林面積的減少甚至消失可能導致哪些影響：A.水資源減少 B.減緩全球暖化 C.加劇全球暖化 D.降低生物多樣性？ ①ACD ②BCD ③ABD ④ABCD。

( ) 16. 塑膠爲海洋生態的殺手，所以環保署推動「無塑海洋」政策，下列何項不是減少塑膠危害海洋生態的重要措施？ ①擴大禁止免費供應塑膠袋 ②禁止製造、進口及販售含塑膠柔珠的清潔用品 ③定期進行海水水質監測 ④淨灘、淨海。

( ) 17. 違反環境保護法律或自治條例之行政法上義務，經處分機關處停工、停業處分或處新臺幣五千元以上罰鍰者，應接受下列何種講習？ ①道路交通安全講習 ②環境講習 ③衛生講習 ④消防講習。

( ) 18. 綠色設計的概念爲 ①生產成本低廉的產品 ②表示健康的、安全的商品 ③售價低廉易購買的商品 ④包裝紙一定要用綠色系統者。

( ) 19. 下列何者爲環保標章？

( ) 20. 「聖嬰現象」是指哪一區域的溫度異常升高？ ①西太平洋表層海水 ②東太平洋表層海水 ③西印度洋表層海水 ④東印度洋表層海水。

( ) 21. 「酸雨」定義爲雨水酸鹼值達多少以下時稱之？ ①5.0 ②6.0 ③7.0 ④8.0。

( ) 22. 一般而言，水中溶氧量隨水溫之上升而呈下列哪一種趨勢？ ①增加 ②減少 ③不變 ④不一定。

( ) 23. 二手菸中包含多種危害人體的化學物質，甚至多種物質有致癌性，會危害到下列何者的健康？ ①只對12歲以下孩童有影響 ②只對孕婦比較有影響 ③只有65歲以上之民眾有影響 ④全民皆有影響。

( ) 24. 二氧化碳和其他溫室氣體含量增加是造成全球暖化的主因之一，下列何種飲食方式也能降低碳排放量，對環境保護做出貢獻：A.少吃肉，多吃蔬菜；B.玉米產量減少時，購買玉米罐頭食用；C.選擇當地食材；D.使用免洗餐具，減少清洗用水與清潔劑？ ①AB ②AC ③AD ④ACD。

( ) 25. 上下班的交通方式有很多種，其中包括：A.騎腳踏車；B.搭乘大眾交通工具； C.自行開車，請將前述幾種交通方式之單位排碳量由少至多之排列方式爲何？ ①ABC ②ACB ③BAC ④CBA。

( ) 26. 下列何者「不是」室內空氣污染源？ ①建材 ②辦公室事務機 ③廢紙回收箱 ④油漆及塗料。

答案	14.②	15.①	16.③	17.②	18.②	19.①	20.②	21.①	22.②	23.④
	24.②	25.①	26.③							

( ) 27. 下列何者不是自來水消毒採用的方式？
①加入臭氧　②加入氯氣　③紫外線消毒　④加入二氧化碳。

( ) 28. 下列何者不是造成全球暖化的元凶？
①汽機車排放的廢氣　②工廠所排放的廢氣　③火力發電廠所排放的廢氣　④種植樹木。

( ) 29. 下列何者不是造成臺灣水資源減少的主要因素？
①超抽地下水　②雨水酸化　③水庫淤積　④濫用水資源。

( ) 30. 下列何者不是溫室效應所產生的現象？　①氣溫升高而使海平面上升　②海溫升高造成珊瑚白化　③造成全球氣候變遷，導致不正常暴雨、乾旱現象　④造成臭氧層產生破洞。

( ) 31. 下列何者是室內空氣污染物之來源：A.使用殺蟲劑；B.使用雷射印表機；C.在室內抽煙；D.戶外的污染物飄進室內？　①ABC　②BCD　③ACD　④ABCD。

( ) 32. 下列何者是海洋受污染的現象？　①形成紅潮　②形成黑潮　③溫室效應　④臭氧層破洞。

( ) 33. 下列何者是造成臺灣雨水酸鹼(pH)值下降的主要原因？
①國外火山噴發　②工業排放廢氣　③森林減少　④降雨量減少。

( ) 34. 下列何者是農田土壤受重金屬污染後最普遍使用之整治方法？　①全面挖除被污染土壤，搬到他處處理除污完畢再運回　②以機械將表層污染土壤與下層未受污染土壤上下充分混合　③藉由萃取劑淋溶、洗出等作用帶走或稀釋　④以植生萃取。

( ) 35. 下列何者是酸雨對環境的影響？
①湖泊水質酸化　②增加森林生長速度　③土壤肥沃　④增加水生動物種類。

( ) 36. 下列何者是懸浮微粒與落塵的差異？　①採樣地區　②粒徑大小　③分布濃度　④物體顏色。

( ) 37. 下列何者屬地下水超抽情形？　①地下水抽水量「超越」天然補注量　②天然補注量「超越」地下水抽水量　③地下水抽水量「低於」降雨量　④地下水抽水量「低於」天然補注量。

( ) 38. 下列何種行為無法減少「溫室氣體」排放？
①騎自行車取代開車　②多搭乘公共運輸系統　③多吃肉少蔬菜　④使用再生紙張。

( ) 39. 下列哪一項水質濃度降低會導致河川魚類大量死亡？
①氨氮　②溶氧　③二氧化碳　④生化需氧量。

( ) 40. 下列何種生活小習慣的改變可減少細懸浮微粒($PM_{2.5}$)排放，共同為改善空氣品質盡一份心力？
①少吃燒烤食物　②使用吸塵器　③養成運動習慣　④每天喝 500cc 的水。

( ) 41. 下列哪種措施不能用來降低空氣污染？　①汽機車強制定期排氣檢測　②汰換老舊柴油車③禁止露天燃燒稻草　④汽機車加裝消音器。

( ) 42. 大氣層中臭氧層有何作用？　①保持溫度　②對流最旺盛的區域　③吸收紫外線　④造成光害。

( ) 43. 小李具有乙級廢水專責人員證照，某工廠希望以高價租用證照的方式合作，請問下列何者正確？
①這是違法行為　②互蒙其利　③價錢合理即可　④經環保局同意即可。

答案	27.④	28.④	29.②	30.④	31.④	32.①	33.②	34.②	35.①	36.②
	37.①	38.③	39.②	40.①	41.④	42.③	43.①			

( ) 44. 可藉由下列何者改善河川水質且兼具提供動植物良好棲地環境？
①運動公園　②人工溼地　③滯洪池　④水庫。

( ) 45. 台北市周先生早晨在河濱公園散步時，發現有大面積的河面被染成紅色，岸邊還有許多死魚，此時周先生應該打電話給哪個單位通報處理？　①環保局　②警察局　③衛生局　④交通局。

( ) 46. 台灣地區地形陡峭雨旱季分明，水資源開發不易常有缺水現象，目前推動生活污水經處理再生利用，可填補部分水資源，主要可供哪些用途：A.工業用水、B.景觀澆灌、C.人體飲用、D.消防用水？　①ACD　②BCD　③ABD　④ABCD。

( ) 47. 台灣自來水之水源主要取自
①海洋的水　②河川及水庫的水　③綠洲的水　④灌溉渠道的水。

( ) 48. 民眾焚香燒紙錢常會產生哪些空氣污染物增加罹癌的機率：A.苯、B.細懸浮微粒($PM_{2.5}$)、C.臭氧(O_3)、D.甲烷(CH_4)？　①AB　②AC　③BC　④CD。

( ) 49. 生活中經常使用的物品，下列何者含有破壞臭氧層的化學物質？
①噴霧劑　②免洗筷　③保麗龍　④寶特瓶。

( ) 50. 目前市面清潔劑均會強調「無磷」，是因為含磷的清潔劑使用後，若廢水排至河川或湖泊等水域會造成甚麼影響？　①綠牡蠣　②優養化　③秘雕魚　④烏腳病。

( ) 51. 冰箱在廢棄回收時應特別注意哪一項物質，以避免逸散至大氣中造成臭氧層的破壞？
①冷媒　②甲醛　③汞　④苯。

( ) 52. 在五金行買來的強力膠中，主要有下列哪一種會對人體產生危害的化學物質？
①甲苯　②乙苯　③甲醛　④乙醛。

( ) 53. 在同一操作條件下，煤、天然氣、油、核能的二氧化碳排放比例之大小，由大而小為：
①油＞煤＞天然氣＞核能　　　　②煤＞油＞天然氣＞核能
③煤＞天然氣＞油＞核能　　　　④油＞煤＞核能＞天然氣。

( ) 54. 如何降低飲用水中消毒副產物三鹵甲烷？　①先將水煮沸，打開壺蓋再煮三分鐘以上　②先將水過濾，加氯消毒　③先將水煮沸，加氯消毒　④先將水過濾，打開壺蓋使其自然蒸發。

( ) 55. 自行煮水、包裝飲用水及包裝飲料，依生命週期評估的排碳量大小順序為：
①包裝飲用水＞自行煮水＞包裝飲料　　②包裝飲料＞自行煮水＞包裝飲用水
③自行煮水＞包裝飲料＞包裝飲用水　　④包裝飲料＞包裝飲用水＞自行煮水。

( ) 56. 何項不是噪音的危害所造成的現象？
①精神很集中　②煩躁、失眠　③緊張、焦慮　④工作效率低落。

( ) 57. 我國移動污染源空氣污染防制費的徵收機制為何？
①依車輛里程數計費　②隨油品銷售徵收　③依牌照徵收　④依照排氣量徵收。

( ) 58. 室內裝潢時，若不謹慎選擇建材，將會逸散出氣狀污染物。其中會刺激皮膚、眼、鼻和呼吸道，也是致癌物質，可能為下列哪一種污染物？　①臭氧　②甲醛　③氟氯碳化合物　④二氧化碳。

答案								
44.②	45.①	46.③	47.②	48.①	49.①	50.②	51.①	52.①	53.②
54.①	55.④	56.①	57.②	58.②				

( ) 59. 下列哪一種氣體易造成臭氧層被嚴重的破壞？
①氟氯碳化物　②二氧化硫　③氮氧化合物　④二氧化碳。

( ) 60. 高速公路旁常見有農田違法焚燒稻草，除易產生濃煙影響行車安全外，也會產生下列何種空氣污染物對人體健康造成不良的作用　①懸浮微粒　②二氧化碳(CO_2)　③臭氧(O_3)　④沼氣。

( ) 61. 都市中常產生的「熱島效應」會造成何種影響？
①增加降雨　②空氣污染物不易擴散　③空氣污染物易擴散　④溫度降低。

( ) 62. 寶特瓶、廢塑膠等廢棄於環境除不易腐化外，若隨一般垃圾進入焚化廠處理，可能產生下列哪一種空氣污染物對人體有致癌疑慮？　①臭氧　②一氧化碳　③戴奧辛　④沼氣。

( ) 63. 「垃圾強制分類」的主要目的為：A.減少垃圾清運量　B.回收有用資源　C.回收廚餘予以再利用 D.變賣賺錢？　①ABCD　②ABC　③ACD　④BCD。

( ) 64. 一般人生活產生之廢棄物，何者屬有害廢棄物？
①廚餘　②鐵鋁罐　③廢玻璃　④廢日光燈管。

( ) 65. 一般辦公室影印機的碳粉匣，應如何回收？
①拿到便利商店回收　②交由販賣商回收　③交由清潔隊回收　④交給拾荒者回收。

( ) 66. 下列何者不是蚊蟲會傳染的疾病　①日本腦炎　②瘧疾　③登革熱　④痢疾。

( ) 67. 下列何者非屬資源回收分類項目中「廢紙類」的回收物？
①報紙　②雜誌　③紙袋　④用過的衛生紙。

( ) 68. 下列何者對飲用瓶裝水之形容是正確的：A.飲用後之寶特瓶容器為地球增加了一個廢棄物；B. 運送瓶裝水時卡車會排放空氣污染物；C.瓶裝水一定比經煮沸之自來水安全衛生？
①AB　②BC　③AC　④ABC。

( ) 69. 下列哪一項是我們在家中常見的環境衛生用藥？　①體香劑　②殺蟲劑　③洗滌劑　④乾燥劑。

( ) 70. 下列哪一種是公告應回收廢棄物中的容器類：A.廢鋁箔包 B.廢紙容器 C.寶特瓶？
①ABC　②AC　③BC　④C。

( ) 71. 下列哪些廢紙類不可以進行資源回收？　①紙尿褲　②包裝紙　③雜誌　④報紙。

( ) 72. 小明拿到「垃圾強制分類」的宣導海報，標語寫著「分 3 類，好 OK」，標語中的分 3 類是指家戶日常生活中產生的垃圾可以區分哪三類？　①資源、廚餘、事業廢棄物　②資源、一般廢棄物、事業廢棄物　③一般廢棄物、事業廢棄物、放射性廢棄物　④資源、廚餘、一般垃圾。

( ) 73. 日光燈管、水銀溫度計等，因含有哪一種重金屬，可能對清潔隊員造成傷害，應與一般垃圾分開處理？　①鉛　②鎘　③汞　④鐵。

( ) 74. 家裡有過期的藥品，請問這些藥品要如何處理？
①倒入馬桶沖掉　②交由藥局回收　③繼續服用　④送給相同疾病的朋友。

( ) 75. 台灣西部海岸曾發生的綠牡蠣事件是下列何種物質污染水體有關？　①汞　②銅　③磷　④鎘。

答　案	59.①	60.①	61.②	62.③	63.②	64.④	65.②	66.④	67.④	68.①
	69.②	70.①	71.①	72.④	73.③	74.②	75.②			

( ) 76. 在生物鏈越上端的物種其體內累積持久性有機污染物(POPs)濃度將越高,危害性也將越大,這是說明 POPs 具有下列何種特性?　①持久性　②半揮發性　③高毒性　④生物累積性。

( ) 77. 有關小黑蚊敘述下列何者為非?　①活動時間又以中午十二點到下午三點為活動高峰期　②小黑蚊的幼蟲以腐植質、青苔和藻類為食　③無論雄蚊或雌蚊皆會吸食哺乳類動物血液　④多存在竹林、灌木叢、雜草叢、果園等邊緣地帶等處。

( ) 78. 利用垃圾焚化廠處理垃圾的最主要優點為何?
①減少處理後的垃圾體積　②去除垃圾中所有毒物　③減少空氣污染　④減少處理垃圾的程序。

( ) 79. 利用豬隻的排泄物當燃料發電,是屬於哪一種能源?
①地熱能　②太陽能　③生質能　④核能。

( ) 80. 每個人日常生活皆會產生垃圾,下列何種處理垃圾的觀念與方式是不正確的?
①垃圾分類,使資源回收再利用　　　②所有垃圾皆掩埋處理,垃圾將會自然分解
③廚餘回收堆肥後製成肥料　　　　④可燃性垃圾經焚化燃燒可有效減少垃圾體積。

( ) 81. 防治蟲害最好的方法是　①使用殺蟲劑　②清除孳生源　③網子捕捉　④拍打。

( ) 82. 依廢棄物清理法之規定,隨地吐檳榔汁、檳榔渣者,應接受幾小時之戒檳班講習?
①2 小時　②4 小時　③8 小時　④1 小時。

( ) 83. 室內裝修業者承攬裝修工程,工程中所產生的廢棄物應該如何處理?
①委託合法清除機構清運　②倒在偏遠山坡地　③河岸邊掩埋　④交給清潔隊垃圾車。

( ) 84. 若使用後的廢電池未經回收,直接廢棄所含重金屬物質曝露於環境中可能產生哪些影響:A.地下水污染、B.對人體產生中毒等不良作用、C.對生物產生重金屬累積及濃縮作用、D.造成優養化?
①ABC　②ABCD　③ACD　④BCD。

( ) 85. 哪一種家庭廢棄物可用來作為製造肥皂的主要原料?　①食醋　②果皮　③回鍋油　④熟廚餘。

( ) 86. 家戶大型垃圾應由誰負責處理?
①行政院環境保護署　②當地政府清潔隊　③行政院　④內政部。

( ) 87. 根據環保署資料顯示,世紀之毒「戴奧辛」主要透過何者方式進入人體?
①透過觸摸　②透過呼吸　③透過飲食　④透過雨水。

( ) 88. 陳先生到機車行換機油時,發現機車行老闆將廢機油直接倒入路旁的排水溝,請問這樣的行為是違反了　①道路交通管理處罰條例　②廢棄物清理法　③職業安全衛生法　④水污染防治法。

( ) 89. 亂丟香菸蒂,此行為已違反什麼規定?
①廢棄物清理法　②民法　③刑法　④毒性化學物質管理法。

( ) 90. 實施「垃圾費隨袋徵收」政策的好處為何:A.減少家戶垃圾費用支出　B.全民主動參與資源回收 C.有效垃圾減量?　①AB　②AC　③BC　④ABC。

( ) 91. 臺灣地狹人稠,垃圾處理一直是不易解決的問題,下列何種是較佳的因應對策?
①垃圾分類資源回收　②蓋焚化廠　③運至國外處理　④向海爭地掩埋。

答案	76.④	77.③	78.①	79.③	80.②	81.②	82.②	83.①	84.①	85.③
	86.②	87.③	88.②	89.①	90.④	91.①				

( ) 92. 臺灣嘉南沿海一帶發生的烏腳病可能為哪一種重金屬引起？ ①汞 ②砷 ③鉛 ④鎘。

( ) 93. 遛狗不清理狗的排泄物係違反哪一法規？
①水污染防治法 ②廢棄物清理法 ③毒性化學物質管理法 ④空氣污染防制法。

( ) 94. 酸雨對土壤可能造成的影響，下列何者正確？
①土壤更肥沃 ②土壤液化 ③土壤中的重金屬釋出 ④土壤礦化。

( ) 95. 購買下列哪一種商品對環境比較友善？
①用過即丟的商品 ②一次性的產品 ③材質可以回收的商品 ④過度包裝的商品。

( ) 96. 醫療院所用過的棉球、紗布、針筒、針頭等感染性事業廢棄物屬於
①一般事業廢棄物 ②資源回收物 ③一般廢棄物 ④有害事業廢棄物。

( ) 97. 下列何項法規的立法目的為預防及減輕開發行為對環境造成不良影響，藉以達成環境保護之目的？ ①公害糾紛處理法 ②環境影響評估法 ③環境基本法 ④環境教育法。

( ) 98. 下列何種開發行為若對環境有不良影響之虞者，應實施環境影響評估：A.開發科學園區；B.新建捷運工程；C.採礦。 ①AB ②BC ③AC ④ABC。

( ) 99. 主管機關審查環境影響說明書或評估書，如認為已足以判斷未對環境有重大影響之虞，作成之審查結論可能為下列何者？ ①通過環境影響評估審查 ②應繼續進行第二階段環境影響評估 ③認定不應開發 ④補充修正資料再審。

( ) 100. 依環境影響評估法規定，對環境有重大影響之虞的開發行為應繼續進行第二階段環境影響評估，下列何者不是上述對環境有重大影響之虞或應進行第二階段環境影響評估的決定方式？ ①明訂開發行為及規模 ②環評委員會審查認定 ③自願進行 ④有民眾或團體抗爭。

答案	92.②	93.②	94.③	95.③	96.④	97.②	98.④	99.①	100.④

工作項目 04

節能減碳

( ) 1. 依能源局「指定能源用戶應遵行之節約能源規定」，下列何場所未在其管制之範圍？
①旅館 ②餐廳 ③住家 ④美容美髮店。

( ) 2. 依能源局「指定能源用戶應遵行之節約能源規定」，在正常使用條件下，公眾出入之場所其室內冷氣溫度平均值不得低於攝氏幾度？ ①26 ②25 ③24 ④22。

( ) 3. 下列何者為節能標章？

①  ②  ③ ④ 。

( ) 4. 各產業中耗能佔比最大的產業為 ①服務業 ②公用事業 ③農林漁牧業 ④能源密集產業。

( ) 5. 下列何者非省能的做法？ ①電冰箱溫度長時間調在強冷或急冷 ②影印機當 15 分鐘無人使用時，自動進入省電模式 ③電視機勿背著窗戶或面對窗戶，並避免太陽直射 ④汽車不行駛短程，較短程旅運應儘量搭乘公車、騎單車或步行。

( ) 6. 經濟部能源局的能源效率標示分為幾個等級？ ①1 ②3 ③5 ④7。

( ) 7. 溫室氣體排放量：指自排放源排出之各種溫室氣體量乘以各該物質溫暖化潛勢所得之合計量，以 ①氧化亞氮(N_2O) ②二氧化碳(CO_2) ③甲烷(CH_4) ④六氟化硫(SF_6)當量表示。

( ) 8. 國家溫室氣體長期減量目標為中華民國 139 年溫室氣體排放量降為中華民國 94 年溫室氣體排放量百分之 ①20 ②30 ③40 ④50 以下。

( ) 9. 溫室氣體減量及管理法所稱主管機關，在中央為行政院
①經濟部能源局 ②環境保護署 ③國家發展委員會 ④衛生福利部。

( ) 10. 溫室氣體減量及管理法中所稱：一單位之排放額度相當於允許排放
①1 公斤 ②1 立方米 ③1 公噸 ④1 公擔 之二氧化碳當量。

( ) 11. 下列何者不是全球暖化帶來的影響？ ①洪水 ②熱浪 ③地震 ④旱災。

( ) 12. 下列何種方法無法減少二氧化碳？ ①想吃多少儘量點，剩下可當廚餘回收 ②選購當地、當季食材，減少運輸碳足跡 ③多吃蔬菜，少吃肉 ④自備杯筷，減少免洗用具垃圾量。

( ) 13. 下列何者不會減少溫室氣體的排放？ ①減少使用煤、石油等化石燃料 ②大量植樹造林，禁止亂砍亂伐 ③增高燃煤氣體排放的煙囪 ④開發太陽能、水能等新能源。

答案	1.③	2.①	3.②	4.④	5.①	6.③	7.②	8.④	9.②	10.③
	11.③	12.①	13.③							

( ) 14. 關於綠色採購的敘述，下列何者錯誤？
①採購回收材料製造之物品　②採購的產品對環境及人類健康有最小的傷害性
③選購產品對環境傷害較少、污染程度較低者　④以精美包裝為主要首選。

( ) 15. 一旦大氣中的二氧化碳含量增加，會引起哪一種後果？
①溫室效應惡化　②臭氧層破洞　③冰期來臨　④海平面下降。

( ) 16. 關於建築中常用的金屬玻璃帷幕牆，下列何者敘述正確？　①玻璃帷幕牆的使用能節省室內空調使用　②玻璃帷幕牆適用於臺灣，讓夏天的室內產生溫暖的感覺　③在溫度高的國家，建築使用金屬玻璃帷幕會造成日照輻射熱，產生室內「溫室效應」　④臺灣的氣候溼熱，特別適合在大樓以金屬玻璃帷幕作為建材。

( ) 17. 下列何者不是能源之類型？　①電力　②壓縮空氣　③蒸汽　④熱傳。

( ) 18. 我國已制定能源管理系統標準為　①CNS 50001　②CNS 12681　③CNS 14001　④CNS 22000。

( ) 19. 台灣電力公司所謂的離峰用電時段為何？
①22：30～07：30　②22：00～07：00　③23：00～08：00　④23：30～08：30。

( ) 20. 基於節能減碳的目標，下列何種光源發光效率最低，不鼓勵使用？
①白熾燈泡　②LED 燈泡　③省電燈泡　④螢光燈管。

( ) 21. 下列哪一項的能源效率標示級數較省電？　①1　②2　③3　④4。

( ) 22. 下列何者不是目前台灣主要的發電方式？　①燃煤　②燃氣　③核能　④地熱。

( ) 23. 有關延長線及電線的使用，下列敘述何者錯誤？　①拔下延長線插頭時，應手握插頭取下　②使用中之延長線如有異味產生，屬正常現象不須理會　③應避開火源，以免外覆塑膠熔解，致使用時造成短路　④使用老舊之延長線，容易造成短路、漏電或觸電等危險情形，應立即更換。

( ) 24. 有關觸電的處理方式，下列敘述何者錯誤？　①應立刻將觸電者拉離現場　②把電源開關關閉③通知救護人員　④使用絕緣的裝備來移除電源。

( ) 25. 目前電費單中，係以「度」為收費依據，請問下列何者為其單位？
①kW　②kWh　③kJ　④kJh。

( ) 26. 依據台灣電力公司三段式時間電價(尖峰、半尖峰及離峰時段)的規定，請問哪個時段電價最便宜？
①尖峰時段　②夏月半尖峰時段　③非夏月半尖峰時段　④離峰時段。

( ) 27. 當電力設備遭遇電源不足或輸配電設備受限制時，導致用戶暫停或減少用電的情形，常以下列何者名稱出現？　①停電　②限電　③斷電　④配電。

( ) 28. 照明控制可以達到節能與省電費的好處，下列何種方法最適合一般住宅社區兼顧節能、經濟性與實際照明需求？　①加裝DALI全自動控制系統　②走廊與地下停車場選用紅外線感應控制電燈③全面調低照度需求　④晚上關閉所有公共區域的照明。

答案	14.④	15.①	16.③	17.④	18.①	19.①	20.①	21.①	22.④	23.②
	24.①	25.②	26.④	27.②	28.②					

( ) 29. 上班性質的商辦大樓爲了降低尖峰時段用電,下列何者是錯的? ①使用儲冰式空調系統減少白天空調電能需求 ②白天有陽光照明,所以白天可以將照明設備全關掉 ③汰換老舊電梯馬達並使用變頻控制 ④電梯設定隔層停止控制,減少頻繁啟動。

( ) 30. 爲了節能與降低電費的需求,家電產品的正確選用應該如何? ①選用高功率的產品效率較高 ②優先選用取得節能標章的產品 ③設備沒有壞,還是堪用,繼續用,不會增加支出 ④選用能效分級數字較高的產品,效率較高,5 級的比 1 級的電器產品更省電。

( ) 31. 有效而正確的節能從選購產品開始,就一般而言,下列的因素中,何者是選購電氣設備的最優先考量項目? ①用電量消耗電功率是多少瓦攸關電費支出,用電量小的優先 ②採購價格比較,便宜優先 ③安全第一,一定要通過安規檢驗合格 ④名人或演藝明星推薦,應該口碑較好。

( ) 32. 高效率燈具如果要降低眩光的不舒服,下列何者與降低刺眼眩光影響無關? ①光源下方加裝擴散板或擴散膜 ②燈具的遮光板 ③光源的色溫 ④採用間接照明。

( ) 33. 一般而言,螢光燈的發光效率與長度有關嗎? ①有關,越長的螢光燈管,發光效率越高 ②無關,發光效率只與燈管直徑有關 ③有關,越長的螢光燈管,發光效率越低 ④無關,發光效率只與色溫有關。

( ) 34. 用電熱爐煮火鍋,採用中溫 50%加熱,比用高溫 100%加熱,將同一鍋水煮開,下列何者是對的? ①中溫 50%加熱比較省電 ②高溫 100%加熱比較省電 ③中溫 50%加熱,電流反而比較大 ④兩種方式用電量是一樣的。

( ) 35. 電力公司爲降低尖峰負載時段超載停電風險,將尖峰時段電價費率(每度電單價)提高,離峰時段的費率降低,引導用戶轉移部分負載至離峰時段,這種電能管理策略稱爲 ①需量競價 ②時間電價 ③可停電力 ④表燈用戶彈性電價。

( ) 36. 集合式住宅的地下停車場需要維持通風良好的空氣品質,又要兼顧節能效益,下列的排風扇控制方式何者是不恰當的? ①淘汰老舊排風扇,改裝取得節能標章、適當容量高效率風扇 ②兩天一次運轉通風扇就好了 ③結合一氧化碳偵測器,自動啟動/停止控制 ④設定每天早晚二次定期啟動排風扇。

( ) 37. 大樓電梯爲了節能及生活便利需求,可設定部分控制功能,下列何者是錯誤或不正確的做法? ①加感應開關,無人時自動關燈與通風扇 ②縮短每次開門/關門的時間 ③電梯設定隔樓層停靠,減少頻繁啟動 ④電梯馬達加裝變頻控制。

( ) 38. 爲了節能及兼顧冰箱的保溫效果,下列何者是錯誤或不正確的做法? ①冰箱內上下層間不要塞滿,以利冷藏對流 ②食物存放位置紀錄清楚,一次拿齊食物,減少開門次數 ③冰箱門的密封壓條如果鬆弛,無法緊密關門,應儘速更新修復 ④冰箱內食物擺滿塞滿,效益最高。

( ) 39. 就加熱及節能觀點來評比,電鍋剩飯持續保溫至隔天再食用,與先放冰箱冷藏,隔天用微波爐加熱,下列何者是對的? ①持續保溫較省電 ②微波爐再加熱比較省電又方便 ③兩者一樣 ④優先選電鍋保溫方式,因爲馬上就可以吃。

| 答 案 | 29.② | 30.② | 31.③ | 32.③ | 33.① | 34.④ | 35.② | 36.② | 37.② | 38.④ |
| | 39.② | | | | | | | | | |

( ) 40. 不斷電系統 UPS 與緊急發電機的裝置都是應付臨時性供電狀況，停電時，下列的陳述何者是對的？ ①緊急發電機會先啟動，不斷電系統 UPS 是後備的 ②不斷電系統 UPS 先啟動，緊急發電機是後備的 ③兩者同時啟動 ④不斷電系統 UPS 可以撐比較久。

( ) 41. 下列何者為非再生能源？ ①地熱能 ②核能 ③太陽能 ④水力能。

( ) 42. 欲降低由玻璃部分侵入之熱負載，下列的改善方法何者錯誤？
①加裝深色窗簾 ②裝設百葉窗 ③換裝雙層玻璃 ④貼隔熱反射膠片。

( ) 43. 一般桶裝瓦斯(液化石油氣)主要成分為 ①丙烷 ②甲烷 ③辛烷 ④乙炔 及丁烷。

( ) 44. 在正常操作，且提供相同使用條件之情形下，下列何種暖氣設備之能源效率最高？
①冷暖氣機 ②電熱風扇 ③電熱輻射機 ④電暖爐。

( ) 45. 下列何者熱水器所需能源費用最少？
①電熱水器 ②天然瓦斯熱水器 ③柴油鍋爐熱水器 ④熱泵熱水器。

( ) 46. 某公司希望能進行節能減碳，為地球盡點心力，以下何種作為並不恰當？ ①將採購規定列入以下文字：「汰換設備時首先考慮能源效率 1 級或具有節能標章之產品」 ②盤查所有能源使用設備 ③實行能源管理 ④為考慮經營成本，汰換設備時採買最便宜的機種。

( ) 47. 冷氣外洩會造成能源之消耗，下列何者最耗能？
①全開式有氣簾 ②全開式無氣簾 ③自動門有氣簾 ④自動門無氣簾。

( ) 48. 下列何者不是潔淨能源？ ①風能 ②地熱 ③太陽能 ④頁岩氣。

( ) 49. 有關再生能源的使用限制，下列何者敘述有誤？ ①風力、太陽能屬間歇性能源，供應不穩定 ②不易受天氣影響 ③需較大的土地面積 ④設置成本較高。

( ) 50. 全球暖化潛勢(Global Warming Potential, GWP)是衡量溫室氣體對全球暖化的影響，下列何者 GWP 表現較差？ ①200 ②300 ③400 ④500。

( ) 51. 有關台灣能源發展所面臨的挑戰，下列何者為非？ ①進口能源依存度高，能源安全易受國際影響 ②化石能源所占比例高，溫室氣體減量壓力大 ③自產能源充足，不需仰賴進口 ④能源密集度較先進國家仍有改善空間。

( ) 52. 若發生瓦斯外洩之情形，下列處理方法何者錯誤？ ①應先關閉瓦斯爐或熱水器等開關 ②緩慢地打開門窗，讓瓦斯自然飄散 ③開啟電風扇，加強空氣流動 ④在漏氣止住前，應保持警戒，嚴禁煙火。

( ) 53. 全球暖化潛勢(Global Warming Potential, GWP)是衡量溫室氣體對全球暖化的影響，其中是以何者為比較基準？ ①CO_2 ②CH_4 ③SF_6 ④N_2O。

( ) 54. 有關建築之外殼節能設計，下列敘述何者錯誤？ ①開窗區域設置遮陽設備 ②大開窗面避免設置於東西日曬方位 ③做好屋頂隔熱設施 ④宜採用全面玻璃造型設計，以利自然採光。

( ) 55. 下列何者燈泡發光效率最高？ ①LED 燈泡 ②省電燈泡 ③白熾燈泡 ④鹵素燈泡。

答案									
40.②	41.②	42.①	43.①	44.①	45.④	46.④	47.②	48.④	49.②
50.④	51.③	52.③	53.①	54.④	55.①				

( ) 56. 有關吹風機使用注意事項，下列敘述何者有誤？
①請勿在潮濕的地方使用，以免觸電危險　②應保持吹風機進、出風口之空氣流通，以免造成過熱　③應避免長時間使用，使用時應保持適當的距離　④可用來作爲烘乾棉被及床單等用途。

( ) 57. 下列何者是造成聖嬰現象發生的主要原因？　①臭氧層破洞　②溫室效應　③霧霾　④颱風。

( ) 58. 爲了避免漏電而危害生命安全，下列何者不是正確的做法？
①做好用電設備金屬外殼的接地　　　　　②有濕氣的用電場合，線路加裝漏電斷路器
③加強定期的漏電檢查及維護　　　　　　④使用保險絲來防止漏電的危險性。

( ) 59. 用電設備的線路保護用電力熔絲(保險絲)經常燒斷，造成停電的不便，下列何者不是正確的作法？
①換大一級或大兩級規格的保險絲或斷路器就不會燒斷了　②減少線路連接的電氣設備，降低用電量
③重新設計線路，改較粗的導線或用兩迴路並聯　④提高用電設備的功率因數。

( ) 60. 政府爲推廣節能設備而補助民眾汰換老舊設備，下列何者的節電效益最佳？
①將桌上檯燈光源由螢光燈換爲 LED 燈　②優先淘汰 10 年以上的老舊冷氣機爲能源效率標示分級中之一級冷氣機　③汰換電風扇，改裝設能源效率標示分級爲一級的冷氣機　④因爲經費有限，選擇便宜的產品比較重要。

( ) 61. 依據我國現行國家標準規定，冷氣機的冷氣能力標示應以何種單位表示？
①kW　②BTU/h　③kcal/h　④RT。

( ) 62. 漏電影響節電成效，並且影響用電安全，簡易的查修方法爲
①電氣材料行買支驗電起子，碰觸電氣設備的外殼，就可查出漏電與否　②用手碰觸就可以知道有無漏電　③用三用電表檢查　④看電費單有無紀錄。

( ) 63. 使用了 10 幾年的通風換氣扇老舊又骯髒，噪音又大，維修時採取下列哪一種對策最爲正確及節能？　①定期拆下來清洗油垢　②不必再猶豫，10 年以上的電扇效率偏低，直接換爲高效率通風扇　③直接噴沙拉脫清潔劑就可以了，省錢又方便　④高效率通風扇較貴，換同機型的廠內備用品就好了。

( ) 64. 電氣設備維修時，在關掉電源後，最好停留 1 至 5 分鐘才開始檢修，其主要的理由爲下列何者？
①先平靜心情，做好準備才動手　　　　　②讓機器設備降溫下來再查修
③讓裡面的電容器有時間放電完畢，才安全　④法規沒有規定，這完全沒有必要。

( ) 65. 電氣設備裝設於有潮濕水氣的環境時，最應該優先檢查及確認的措施是
①有無在線路上裝設漏電斷路器　　　　　②電氣設備上有無安全保險絲
③有無過載及過熱保護設備　　　　　　　④有無可能傾倒及生鏽。

答案	56.④	57.②	58.④	59.①	60.②	61.①	62.①	63.②	64.③	65.①

(　) 66. 為保持中央空調主機效率，每　①半　②1　③1.5　④2　年應請維護廠商或保養人員檢視中央空調主機。

(　) 67. 家庭用電最大宗來自於　①空調及照明　②電腦　③電視　④吹風機。

(　) 68. 為減少日照所增加空調負載，下列何種處理方式是錯誤的？　①窗戶裝設窗簾或貼隔熱紙　②將窗戶或門開啟，讓屋內外空氣自然對流　③屋頂加裝隔熱材、高反射率塗料或噴水　④於屋頂進行薄層綠化。

(　) 69. 電冰箱放置處，四周應至少預留離牆多少公分之散熱空間，且過熱的食物，應等冷卻後才放入冰箱，以達省電效果？　①5　②10　③15　④20。

(　) 70. 下列何項不是照明節能改善需優先考量之因素？　①照明方式是否適當　②燈具之外型是否美觀　③照明之品質是否適當　④照度是否適當。

(　) 71. 醫院、飯店或宿舍之熱水系統耗能大，要設置熱水系統時，應優先選用何種熱水系統較節能？　①電能熱水系統　②熱泵熱水系統　③瓦斯熱水系統　④重油熱水系統。

(　) 72. 如右圖，你知道這是什麼標章嗎？　①省水標章　②環保標章　③奈米標章　④能源效率標示。

(　) 73. 台灣電力公司電價表所指的夏月用電月份(電價比其他月份高)是為　①4/1～7/31　②5/1～8/31　③6/1～9/30　④7/1～10/31。

(　) 74. 屋頂隔熱可有效降低空調用電，下列何項措施較不適當？　①屋頂儲水隔熱　②屋頂綠化　③於適當位置設置太陽能板發電同時加以隔熱　④鋪設隔熱磚。

(　) 75. 電腦機房使用時間長、耗電量大，下列何項措施對電腦機房之用電管理較不適當？　①機房設定較低之溫度　②設置冷熱通道　③使用較高效率之空調設備　④使用新型高效能電腦設備。

(　) 76. 下列有關省水標章的敘述何者正確？　①省水標章是環保署為推動使用節水器材，特別研定以作為消費者辨識省水產品的一種標誌　②獲得省水標章的產品並無嚴格測試，所以對消費者並無一定的保障　③省水標章能激勵廠商重視省水產品的研發與製造，進而達到推廣節水良性循環之目的　④省水標章除有用水設備外，亦可使用於冷氣或冰箱上。

(　) 77. 透過淋浴習慣的改變就可以節約用水，以下的何種方式正確？　①淋浴時抹肥皂，無需將蓮蓬頭暫時關上　②等待熱水前流出的冷水可以用水桶接起來再利用　③淋浴流下的水不可以刷洗浴室地板　④淋浴沖澡流下的水，可以儲蓄洗菜使用。

(　) 78. 家人洗澡時，一個接一個連續洗，也是一種有效的省水方式嗎？　①是，因為可以節省等熱水流出所流失的冷水　②否，這跟省水沒什麼關係，不用這麼麻煩　③否，因為等熱水時流出的水量不多　④有可能省水也可能不省水，無法定論。

答 案	66.①	67.①	68.②	69.②	70.②	71.②	72.④	73.③	74.①	75.①
	76.③	77.②	78.①							

( ) 79. 下列何種方式有助於節省洗衣機的用水量？ ①洗衣機洗滌的衣物盡量裝滿，一次洗完 ②購買洗衣機時選購有省水標章的洗衣機，可有效節約用水 ③無需將衣物適當分類 ④洗濯衣物時盡量選擇高水位才洗的乾淨。

( ) 80. 如果水龍頭流量過大，下列何種處理方式是錯誤的？ ①加裝節水墊片或起波器 ②加裝可自動關閉水龍頭的自動感應器 ③直接換裝沒有省水標章的水龍頭 ④直接調整水龍頭到適當水量。

( ) 81. 洗菜水、洗碗水、洗衣水、洗澡水等等的清洗水，不可直接利用來做什麼用途？ ①洗地板 ②沖馬桶 ③澆花 ④飲用水。

( ) 82. 如果馬桶有不正常的漏水問題，下列何者處理方式是錯誤的？ ①因為馬桶還能正常使用，所以不用著急，等到不能用時再報修即可 ②立刻檢查馬桶水箱零件有無鬆脫，並確認有無漏水 ③滴幾滴食用色素到水箱裡，檢查有無有色水流進馬桶，代表可能有漏水 ④通知水電行或檢修人員來檢修，徹底根絕漏水問題。

( ) 83. 「度」是水費的計量單位，你知道一度水的容量大約有多少？ ①2,000 公升 ②3000 個 600cc 的寶特瓶 ③1 立方公尺的水量 ④3 立方公尺的水量。

( ) 84. 臺灣在一年中什麼時期會比較缺水(即枯水期)？ ①6 月至 9 月 ②9 月至 12 月 ③11 月至次年 4 月 ④臺灣全年不缺水。

( ) 85. 下列何種現象不是直接造成台灣缺水的原因？ ①降雨季節分佈不平均，有時候連續好幾個月不下雨，有時又會下起豪大雨 ②地形山高坡陡，所以雨一下很快就會流入大海 ③因為民生與工商業用水需求量都愈來愈大，所以缺水季節很容易無水可用 ④台灣地區夏天過熱，致蒸發量過大。

( ) 86. 冷凍食品該如何讓它退冰，才是既「節能」又「省水」？ ①直接用水沖食物強迫退冰 ②使用微波爐解凍快速又方便 ③烹煮前盡早拿出來放置退冰 ④用熱水浸泡，每 5 分鐘更換一次。

( ) 87. 洗碗、洗菜用何種方式可以達到清洗又省水的效果？ ①對著水龍頭直接沖洗，且要盡量將水龍頭開大才能確保洗的乾淨 ②將適量的水放在盆槽內洗濯，以減少用水 ③把碗盤、菜等浸在水盆裡，再開水龍頭拼命沖水 ④用熱水及冷水大量交叉沖洗達到最佳清洗效果。

( ) 88. 解決台灣水荒(缺水)問題的無效對策是 ①興建水庫、蓄洪(豐)濟枯 ②全面節約用水 ③水資源重複利用，海水淡化...等 ④積極推動全民體育運動。

( ) 89. 如右圖，你知道這是什麼標章嗎？
①奈米標章 ②環保標章 ③省水標章 ④節能標章。

( ) 90. 澆花的時間何時較為適當，水分不易蒸發又對植物最好？
①正中午 ②下午時段 ③清晨或傍晚 ④半夜十二點。

答案	79.②	80.③	81.④	82.①	83.③	84.③	85.④	86.③	87.②	88.④
	89.③	90.③								

( ) 91. 下列何種方式沒有辦法降低洗衣機之使用水量,所以不建議採用?
①使用低水位清洗 ②選擇快洗行程
③兩、三件衣服也丟洗衣機洗 ④選擇有自動調節水量的洗衣機,洗衣清洗前先脫水 1 次。

( ) 92. 下列何種省水馬桶的使用觀念與方式是錯誤的? ①選用衛浴設備時最好能採用省水標章馬桶 ②如果家裡的馬桶是傳統舊式,可以加裝二段式沖水配件 ③省水馬桶因為水量較小,會有沖不乾淨的問題,所以應該多沖幾次 ④因為馬桶是家裡用水的大宗,所以應該盡量採用省水馬桶來節約用水。

( ) 93. 下列何種洗車方式無法節約用水? ①使用有開關的水管可以隨時控制出水 ②用水桶及海綿抹布擦洗 ③用水管強力沖洗 ④利用機械自動洗車,洗車水處理循環使用。

( ) 94. 下列何種現象無法看出家裡有漏水的問題?
①水龍頭打開使用時,水表的指針持續在轉動 ②牆面、地面或天花板忽然出現潮濕的現象
③馬桶裡的水常在晃動,或是沒辦法止水 ④水費有大幅度增加。

( ) 95. 蓮蓬頭出水量過大時,下列何者無法達到省水?
①換裝有省水標章的低流量(5～10L/min)蓮蓬頭 ②淋浴時水量開大,無需改變使用方法
③洗澡時間盡量縮短,塗抹肥皂時要把蓮蓬頭關起來 ④調整熱水器水量到適中位置。

( ) 96. 自來水淨水步驟,何者為非? ①混凝 ②沉澱 ③過濾 ④煮沸。

( ) 97. 為了取得良好的水資源,通常在河川的哪一段興建水庫?
①上游 ②中游 ③下游 ④下游出口。

( ) 98. 台灣是屬缺水地區,每人每年實際分配到可利用水量是世界平均值的多少?
①六分之一 ②二分之一 ③四分之一 ④五分之一。

( ) 99. 台灣年降雨量是世界平均值的 2.6 倍,卻仍屬缺水地區,原因何者為非? ①台灣由於山坡陡峻,以及颱風豪雨雨勢急促,大部分的降雨量皆迅速流入海洋 ②降雨量在地域、季節分佈極不平均 ③水庫蓋得太少 ④台灣自來水水價過於便宜。

( ) 100. 電源插座堆積灰塵可能引起電氣意外火災,維護保養時的正確做法是
①可以先用刷子刷去積塵 ②直接用吹風機吹開灰塵就可以了 ③應先關閉電源總開關箱內控制該插座的分路開關 ④可以用金屬接點清潔劑噴在插座中去除銹蝕。

答案 91.③ 92.③ 93.③ 94.① 95.② 96.④ 97.① 98.① 99.③ 100.③

23671 新北市土城區忠義路21號
全華圖書股份有限公司

廣 告 回 信
板橋郵局登記證
板橋廣字第540號

行銷企劃部 收

歡迎加入 全華會員

● 會員獨享
　會員購書折扣、紅利積點、生日禮金、不定期優惠活動…等。

● 如何加入會員
　掃 QRcode 或填妥讀者回函卡直接傳真 (02) 2262-0900 或寄回，將由專人協助登入會員資料，待收到 E-MAIL 通知後即可成為會員。

如何購買 全華書籍

1. 網路購書
　全華網路書店「http://www.opentech.com.tw」，加入會員購書更便利，並享有紅利積點回饋等各式優惠。

2. 實體門市
　歡迎至全華門市（新北市土城區忠義路 21 號）或各大書局選購。

3. 來電訂購
　(1) 訂購專線：(02) 2262-5666 轉 321-324
　(2) 傳真專線：(02) 6637-3696
　(3) 郵局劃撥（帳號：0100836-1　戶名：全華圖書股份有限公司）
　※ 購書未滿 990 元者，酌收運費 80 元。

OpenTech .com.tw 全華網路書店

全華網路書店 www.opentech.com.tw
E-mail: service@chwa.com.tw

※ 本會員制如有變更則以最新修訂制度為準，造成不便請見諒。

讀者回函卡

掃 QRcode 線上填寫 ▶▶

姓名：　　　　　　　　　　生日：西元　　　　年　　　月　　　日　　性別：□男 □女

電話：（　　）　　　　　　　　手機：

e-mail：（必填）

通訊處：□□□□□

學歷：□高中・職　□專科　□大學　□碩士　□博士

職業：□工程師　□教師　□學生　□軍・公　□其他

學校/公司：　　　　　　　　　　科系/部門：

· 需求書類：

□ A. 電子 □ B. 電機 □ C. 資訊 □ D. 機械 □ E. 汽車 □ F. 工管 □ G. 土木 □ H. 化工 □ I. 設計

□ J. 商管 □ K. 日文 □ L. 美容 □ M. 休閒 □ N. 餐飲 □ O. 其他

· 本次購買圖書為：　　　　　　　　　　　　　　　　書號：

· 您對本書的評價：

封面設計：□非常滿意　□滿意　□尚可　□需改善，請說明

內容表達：□非常滿意　□滿意　□尚可　□需改善，請說明

版面編排：□非常滿意　□滿意　□尚可　□需改善，請說明

印刷品質：□非常滿意　□滿意　□尚可　□需改善，請說明

書籍定價：□非常滿意　□滿意　□尚可　□需改善，請說明

整體評價：請說明

· 您在何處購買本書？

□書局　□網路書店　□書展　□團購　□其他

· 您購買本書的原因？（可複選）

□個人需要　□公司採購　□親友推薦　□老師指定用書　□其他

· 您希望全華以何種方式提供出版訊息及特惠活動？

□電子報　□DM　□廣告（媒體名稱　　　　　　　　　　）

· 您是否上過全華網路書店？（www.opentech.com.tw）

□是　□否　您的建議

· 您希望全華出版哪方面書籍？

· 您希望全華加強哪些服務？

感謝您提供寶貴意見，全華將秉持服務的熱忱，出版更多好書，以饗讀者。

填寫日期：　　/　　/

註：數字零，請用 Φ 表示，數字 1 與英文 L 請另註明並書寫端正，謝謝。

2020.09 修訂

親愛的讀者：

感謝您對全華圖書的支持與愛護，雖然我們很慎重的處理每一本書，但恐仍有疏漏之處，若您發現本書有任何錯誤，請填寫於勘誤表內寄回，我們將於再版時修正，您的批評與指教是我們進步的原動力，謝謝！

全華圖書 敬上

勘誤表

書　號	頁　數	行　數	書　名	作　者
			錯誤或不當之詞句	建議修改之詞句

我有話要說：（其它之批評與建議，如封面、編排、內容、印刷品質等⋯⋯）